이은경쌤의

중등 어휘일력 365

10대가 반드시 알아야 할

국어 문학·비문학 필수 어휘

이은경 지음

배혜림 감수

포레스트북스

이은경쌤의

중등
어휘일력
365

10대가 반드시 알아야 할   이은경 지음

국어 문학·비문학 필수 어휘   배혜림 감수

포레스트북스

중등어휘일력 365

저자 소개

이은경

15년간 초등 아이들을 가르쳤던 교사이자 고등, 중등인 두 아들을 키우는 엄마로서 20년 넘게 쌓아온 교육 정보와 경험을 나누기 위해 글을 쓰고 강연을 한다. 지난 7년간 초등공부, 학교생활, 부모성장을 주제로 한 강연을 유튜브와 네이버 오디오 클럽에 공유해온 덕분에 초등 엄마들의 든든한 멘토가 되었다. 현재 '슬기로운초등생활'이라는 이름의 유튜브 채널은 누적 조회 수 3,000만 회를 돌파하며, 초등 교육 대표 콘텐츠로서의 자리를 확고히 하고 있다.

그간 지은 책으로는 『이은경쌤의 초등어휘일력 365』, 『이은경쌤의 사자성어 속담 일력 365』, 『이은경쌤의 초등영어회화 일력 365』, 『초등 매일 공부의 힘』, 『나는 다정한 관찰자가 되기로 했다』 등 60여 권이 있다.

인스타그램 | lee.eun.kyung.1221

네이버 카페, 포스트, 오디오클립 | 슬기로운초등생활

유튜브 채널 | 슬기로운초등생활, 매생이클럽

배혜림

22년 차 현직 중등 국어 교사이자 고등, 중등인 자녀 둘을 키우는 학부모이다. 현직 교사들의 작가 모임인 '책쓰샘'에서 이사 및 교육팀장을 맡고 있다. 중학교 시기에 탄탄하게 다진 어휘력이 고등 문해력의 기초가 된다고 믿는다. 그간 지은 책으로『진짜 초등 국어 공부법』,『중학교 입학 가이드』,『교과서는 사교육보다 강하다』,『중등 문해력의 비밀』,『초중등 공부 능력 키우는 교과서 공부 혁명』,『현직 교사가 내 아이에게 몰래 읽히고 싶은 진로 도서 50』,『현직 교사가 알려 주는 문해력 플러스 50』,『청소년을 위한 개념 있는 식생활』등이 있다.

인스타그램 | baehye.rim

교과서와의 한판 승부를 꿈꾸는
중학생을 응원하며

중학생이 되면서 부쩍 어려워진 공부, 나만 이렇게 힘든가, 라는 생각을 해본 적이 있다면 이곳에 잘 찾아왔어요. 초등 때 수업보다 당연히 어려워지겠지 하고 예상은 했었어도 생각보다 훌쩍 더 어려워진 수업 때문에 고민하는 중학생이 점점 더 많아지고 있거든요. 공부하는 시간과 양은 갈수록 늘어나는 것 같은데, 왜 계속 어렵게만 느껴질까요? 그 문제를 해결할 첫 번째 열쇠는 바로 국어 교과서 속 '어휘'랍니다.

초등학교 때보다 훨씬 작고 많은 글자로 채워진 중학교 교과서는 펼치기만 해도 지루하게 느껴지는데, 이 점만이 문제가 아니란 걸 금방 눈치챘을 거예요. 가장 만만하게 생각했던 국어 교과서에서 이렇게까지 낯선 어휘가 아무렇지 않게 툭툭 튀어나올 줄 누가 예상이나 했겠어요? 사회와 과학이 아니라 국어가 이렇게까지 어려울 일이냐고요! 국어부터 막히는데, 다른 과목은 더 막막하단 말이죠!

이은경쌤의 중등어휘일력 365

초판 1쇄 발행 2024년 7월 29일
초판 4쇄 발행 2024년 8월 13일

지은이 이은경 **감수** 배혜림
펴낸이 김선준

편집이사 서선행
책임편집 배윤주 **편집2팀** 유채원 **디자인** 엄재선
마케팅팀 권두리, 이진규, 신동빈
홍보팀 조아란, 장태수, 이은정, 권희, 유준상, 박미정, 이건희, 박지훈
경영관리팀 송현주, 권송이

펴낸곳 ㈜콘텐츠그룹 포레스트 **출판등록** 2021년 4월 16일 제2021-000079호
주소 서울시 영등포구 여의대로 108 파크원타워1 28층
전화 02) 332-5855 **팩스** 070) 4170-4865
홈페이지 www.forestbooks.co.kr
종이 (주)월드페이퍼 **출력·인쇄·후가공** 더블비 **제본** 책공감

ISBN 979-11-93506-66-0 (10590)

㈜콘텐츠그룹 포레스트는 독자 여러분의 책에 관한 아이디어와 원고 투고를 기다리고 있습니다. 책 출간을 원하시는 분은 이메일 writer@forestbooks.co.kr로 간단한 개요와 취지, 연락처 등을 보내주세요. '독자의 꿈이 이뤄지는 숲, 포레스트'에서 작가의 꿈을 이루세요.

그래서 이 일력은 국어 교과서부터 차근차근 밟아가며 기본을 충실하게 다져나가, 내가 꿈꿔온 목표에 닿고 싶은 중학생 친구들을 위해 만들어 졌답니다. 중학교 국어 교과서에 실린 문학·비문학 분야의 도서를 선정하고, 그 작품 속 어휘와 문장을 이해하기 쉽게 정리한 것이거든요. 또한 겨우 어휘 하나의 뜻만 알고 끝나는 게 아니라, 작품 알기, 함께 알면 좋은 어휘·표현·속담·사자성어, 더하기 상식, 같은 말 다른 뜻, 일반 예문, 유의어, 한자어 풀이, 다른 작품 속 예문 등을 함께 담았답니다. 매일 하나씩 어휘를 익혀가는 일력이지만 그 어휘를 통해 관련된 배경지식도 넓히고 어휘력, 문해력까지 확장할 수 있는 거죠.

정확한 의미를 모르고는 국어 교과서 속 작품을 이해하거나 문제의 답을 찾아낼 수 없는 어휘들을 이제 매일 하나씩 내 것으로 만들어보세요. 어렵게만 느꼈던 중학교 공부의 기초를 제대로 닦아가면서, 국어에서 시작된 자신감이 전 과목으로 확장되는 짜릿함을 느껴보세요. 하루 한 개씩 익혀 보는 국어 교과서 속 어휘는 중등 전 과목 교과는 물론, 곧 만나게 될 고등학교 교과를 대할 때에도 막강한 무기가 되어줄 거라 확신합니다.

저는 우리 중학생 친구들이 걸어갈 꿈을 향한 길을 두 손 모아 응원하겠습니다.

이은경 드림

☐ _____
☐ _____
☐ _____

비복

여자 종과 남자 종.

• 교과서 속 문장

친정과 가까운 친척에게뿐만 아니라 먼 친척에게도 보내고, **비복**들에게도 쌈쌈이 낱낱이 나눠 주었다.

출처 : 『조침문』 유씨 부인, 중3-1 국어

다른 작품 속 예문

집안사람과 비복들은 울면서 월사의 타고 가는 말을 옹위하여 작별 인사를 올린다.
출처 : 『임진왜란』 박종화, 달궁

유의어

노예, 복비, 복첩

1월

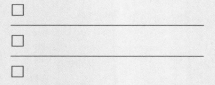

□
□
□

분석

대상을 구성하는 요소나 부분으로 나누어 설명하는 방법.

• '분석'의 방법을 활용한 교과서 속 문장

가야금은 긴 몸통과 열두 개의 줄, 안족으로 구성되어 있다. 가야금의 몸통은 소리가 울리게 하고, 열두 개의 줄은 각기 다른 높낮이의 소리를 낸다. 안족은 줄을 지탱하는 동시에 소리의 높낮이를 조절하는 역할을 한다.

출처 : 비상교육 교과서, 중학교 공통

 한자어 풀이

나눌 분(分) / 쪼갤 석(析)

 유의어

해석

 반의어

종합

상고머리

머리 모양의 하나. 뒷머리를 짧게 치켜올려 깎고
앞머리는 몽실몽실하게 두고 정수리는 평평하게 깎은 머리.

- 교과서 속 문장

  상고머리에 신색이 그리 좋아 뵈지 않는 중키(크지도 작지도 않은 보통
  의 키)의 청년이었다.

  출처 : 『토지』 박경리, 고2 문학

 작품 알기 : 현대소설 『토지』

박경리 작가 필생의 역작으로, 1969년 6월부터 시작하여 1994년에야 완성된 집필
에만 25년이 걸린 대하소설. 그에 걸맞게 상당히 길어서 총 5부 25편, 그것도 책 한
권에 약 400쪽 정도의 분량이 담겨 있다.

 함께 알면 좋은 어휘

쑥대머리 : 쑥과 같이 마구 헝클어진 머리라는 뜻.

☐ _____
☐ _____
☐ _____

인과

대상을 원인과 결과의 관계를 중심으로 설명하는 방법.

- **'인과'의 방법을 활용한 교과서 속 문장**

  젖산은 약한 산성 물질이어서 유해균이 증식하는 것을 억제하고, 김치
  가 잘 썩지 않게 한다.

  출처 : 비상교육 교과서, 중학교 공통

함께 알면 좋은 사자성어

인과응보(因果應報) : 전생에 지은 선악에 따라 현재의 행과 불행이 있고, 현세에서
의 선악의 결과에 따라 내세에서 행과 불행이 있는 일. '과보'라 부르기도 한다.

한자어 풀이

인할 인(因) / 실과 과(果)

일반 예문

사건의 인과관계를 알면 쉽게 이해할
수 있어.

화전민

산에 불을 지펴 들풀과 잡목을 태운 뒤,
그곳에다 농사를 짓는 화전 농업을 하는 사람들.

• **교과서 속 문장**

화전민들의 초막, 때론 산짐승이 자고 간 굴 속에서 (…) 멧돼지 노루 따
위의 목을 따서 피를 마시며 그 자신도 짐승처럼 싸돌아 다니던 자유가
겹겹이 싸인 높은 울타리 속에서 번다한 습관에 따라 해가 지고 날이 밝
는다는 건 견디기 어려운 일이었다.

출처 : 『토지』, 박경리, 고2 문학

 더하기 상식

몇 년 동안 한 곳에서 계속 농사를 지으면 토양의 영양분이 떨어져 농작물의 수확이
감소하므로, 농민들이 다른 곳으로 이동해 화전(火田)을 일구곤 한다.

 같은 말 다른 뜻

화전(花煎) : 꽃을 붙여 기름에 지진 떡.

박명하다

운명이 기구하고 팔자가 사납다.

• 교과서 속 문장

나의 신세 **박명하여** 슬하에 자식이 없고 목숨이 모질어 일찍 죽지도 못했구나.

출처 : 『조침문』 유씨 부인, 중3-1 국어

 함께 알면 좋은 사자성어

미인박명(美人薄命) : 여자가 아름다우면 불행하거나 병약하여 요절하는 일이 많음을 뜻하며, 같은 말로 가인박명(佳人薄命)이 있다.

 유의어

기구하다, 단명하다

□
□
□

기별

상대방에게 소식을 전함. 또는 소식을 적은 종이를 이르는 말.

- 교과서 속 문장

  급히 상의할 일이 있다는 서희의 **기별**을 받고 환국은 진주에 내려간 채
  여태 돌아오지 않았다.

  출처 : 『토지』 박경리, 고2 문학

더하기 상식

기별(奇別)은 조선시대 승정원에서 재결 사항을 기록하고 옮겨 적어 반포하던 기관
지를 이르는 말이기도 하다. 임금의 명령을 쓴 조칙, 조정의 결정 사항, 관리의 임명
과 해임 등을 비롯하여 사회의 돌발 사건을 쓰기도 했다.

함께 알면 좋은 속담

간에 기별도 안 가다 : 음식의 양이 너무 적어 먹으나 마나 하다는 뜻.

행적

움직인 자취.

• 교과서 속 문장

눈물을 잠깐 거두고 심신을 겨우 진정하여 너의 **행적**과 나의 품은 마음
을 총총히 적어 작별 인사를 하노라.

출처 : 『조침문』 유씨 부인, 중3-1 국어

다른 작품 속 예문

이놈, 네 행적에 증거가 소연하거든 그래도 모른다 할까?
출처 : 『백범일지』 김구

유의어

발자취, 자국, 흔적

□ _____
□ _____
□ _____

운신

몸을 움직임. 또는 어떤 일이나 행동을 자유롭게 함.

- 교과서 속 문장

  걱정 말라니까요. 이젠 **운신**도 하는데.

  출처 : 『토지』, 박경리, 고2 문학

일반 예문

각 당의 대표들은 현장에서 다양한 분야의 사람들을 만나며 운신의 폭을 넓히고 있다.

유의어

거동, 활동, 행동

정회

정과 회포, 생각하는 마음.

> · 교과서 속 문장
>
> 이 바늘은 한낱 작은 물건이나, 이렇듯이 슬퍼함은 나의 **정회**가 남과 다름이라.
>
> 출처 : 『조침문』 유씨 부인, 중3-1 국어

다른 작품 속 예문

제수(祭需)가 산더미 같으면 뭘 하겠소. 정화수 한 그릇에 망인에 대한 정회의 눈물을 흘리는 것만 같지 않지요.
출처 : 『토지』 박경리

같은 말 다른 뜻

정회(停會) : 회의를 한때 멈춤.

돌팔매

무엇을 맞히려고 던지는 돌멩이. 혹은 돌멩이를 던지는 행동.

• 교과서 속 문장

최상길의 말은 임명빈에게 **돌팔매**를 친 것처럼 들려왔다.

출처 : 『토지』 박경리, 고2 문학

 더하기 상식

돌팔매는 19세기 문헌에서 처음 나타난 뒤 현재까지 쓰이는 단어이다. '돌+팔매'
로 이루어진 합성어인데, 'ㆍ'의 2단계 사라짐에 따른 'ㆍ → ㅏ'의 변화로 인해 'ㅏ'와
'ㆍ'가 혼동되어 셋째 음절이 '돌팔미'와 같이 표기된 경우도 19세기 자료에서 관찰
된다.

 유의어

투석(投石) : 돌을 던짐. 또는 그 돌.

무심

감정이나 생각하는 마음이 없음.

• 교과서 속 문장

너희를 무수히 잃고 부러뜨렸으되 오직 너 하나를 꽤 오래 간직하여 왔으니, 비록 **무심**한 물건이나 어찌 사랑스럽고 마음에 끌리지 아니하겠는가?

출처 : 『조침문(弔針文)』 유씨(兪氏) 부인, 중3-1 국어

작품 알기 : 수필 『조침문』

조선 순조 때의 작품. 바늘을 의인화하여 제문(죽은 이에 대해 애도의 뜻을 나타낸 글) 형식으로 쓴 글이다. 일찍이 문벌 좋은 집으로 출가했다가 슬하에 자녀도 없이 홀로 남은 유씨가 오로지 바느질을 낙으로 삼고 있는데, 하루는 시삼촌에게서 얻은 마지막 바늘이 부러지자 섭섭한 마음을 누를 길이 없어 이 글을 썼다고 한다.

유의어

무관심, 무념무상, 태평

장천

끝없이 잇닿아 멀고도 넓은 하늘.

• 교과서 속 문장

끝없이 높고 너른 하늘을 십만 리 **장천**이라고 하지 않고 구만리 **장천**이라고 합니다.

출처 : 『끝장이 없는 책』 이문구, 중2-1 국어

 함께 알면 좋은 속담

구만리 장천이 지척 : 높고 먼 저세상이 가까운 거리에 있다는 뜻으로, 사람은 언제 죽을지 모른다는 말.

 한자어 풀이

길 장(長) / 하늘 천(天)

유의어

구만리장공, 구만장천, 구공

일확천금

천금을 손쉽게 한 번에 얻는다는 뜻으로,
힘들이지 아니하고 단번에 많은 재물을 얻음을 이르는 말.

• 교과서 속 문장

내가 알기로 여우의 갓을 얻으면 **일확천금**의 부자가 될 수 있고, 여우의
신발을 얻으면 대낮에도 능히 자신의 그림자를 감출 수 있으며, 여우의
꼬리를 얻으면 잘 흘려서 남을 기쁘게 만들 수 있다고 하니,

출처 : 「호질」 박지원, 중3-2 국어

다른 작품 속 예문

그는 무역상 노릇을 하다가 실패를 한 뒤에 다시 일확천금을 해 보려고 남경과 북
경 사이로 돌아다녔다.
출처 : 「임진왜란」 박종화, 달궁

한자어 풀이

한 일(一) / 움킬 확(攫) / 일천 천(千) / 쇠 금(金)

부지기수

헤아릴 수가 없을 만큼 많음. 또는 그렇게 많은 수효.

- 교과서 속 문장

구 층 탑은 **부지기수**로 많아도, 십 층 탑은 아직 보지 못하였습니다.

출처 : 『끝장이 없는 책』 이문구, 중2-1 국어

 일반 예문

3·1 독립 만세를 부르기 위해 거리로 나온 사람이 부지기수였다.

 유의어

기수부지, 무산, 무수

한자어 풀이

아닐 부(不) / 알 지(知) / 그 기(其) / 셈 수(數)

□
□
□

분류

대상을 일정한 기준에 따라 나누어 설명하는 방법.

• '분류'의 방법을 활용한 교과서 속 문장

단소·대금·피리 등과 같이 관을 통해 소리를 내는 관악기, 가야금·거문고·
해금 등 명주실을 꼬아 만든 줄을 퉁기거나 긁어서 소리를 내는 현악기,
장구·징·북 등 두드려 소리를 내는 타악기는 모두 우리 국악기에 속한다.

출처 : 비상교육 교과서, 중학교 공통

 일반 예문

도서관에서는 정해진 기준에 따라 책을 분류하여 정리한다.

 한자어 풀이

나눌 분(分) / 무리 류(유)(類)

 유의어

대별, 구분, 구별, 부별, 유별, 갈래

부친

'아버지'를 정중히 높여서 이르는 말.

• 교과서 속 문장

백발이 성성한 서의돈의 늙은 **부친**이 말했다.

출처 : 『토지』 박경리, 고2 문학

 함께 알면 좋은 어휘

· 모친(母親) : '어머니'를 정중히 높여서 이르는 말.
· 양친(兩親) : 부친(父親)과 모친을 함께 이르는 말.

 일반 예문

· 자네 부친과 모친은 안녕하신가?
· 민수는 어릴 때 부친을 여의었다.

□
□
□

구분

대상을 종류별로 묶어서 설명하는 방법.

• '구분'의 방법을 활용한 교과서 속 문장

국악기는 연주 방법에 따라 관악기·현악기·타악기로 나눌 수 있다. 관악기는 관 안의 공기를 진동시켜서, 현악기는 줄을 문지르거나 퉁겨서, 타악기는 두드려서 소리를 내는 악기이다. 가야금은 현악기에 속한다.

출처 : 비상교육 교과서, 중학교 공통

 더하기 상식

분류와 구분의 차이 : 먼저 분류는 종류에 따라 나눠 묶은 것을 의미하고, 구분은 일정한 기준에 따라 전체를 몇 종류로 갈라 나눈 것을 뜻한다.

 한자어 풀이

구분할 구(區) / 나눌 분(分)

유의어

분류, 선별, 분간, 구별, 가름, 종별

뜨내기

일정한 처소 없이 떠돌아다니는 사람을 얕잡아 이르는 말.

• 교과서 속 문장

집도 절도 없는 **뜨내기** 신세에 무신 돈이 있었십니까.

출처 : 『토지』 박경리, 고2 문학

 다른 작품 속 예문

또 알우? 인연이 닿아서 말뚝 박구 살게 될지. 이런 때 아주 뜨내기 신셀 청산해야지.
출처 : 『삼포 가는 길』 황석영

 함께 알면 좋은 어휘

방랑자 : 이리저리 정처 없이 떠돌아다니는 사람.

둔갑

술법을 써서 자기 몸을 감추거나 다른 것으로 바꿈.

• 교과서 속 문장

내가 알기로 여우가 천 년을 묵으면 능히 요술을 부려 사람 모양으로 **둔갑**
한다던데, 이게 북곽 선생으로 **둔갑**한 거야.

출처 : 「호질」 박지원, 중3-2 국어

 다른 작품 속 예문

수용소 직원들이 대번에 표독스러운 맹수로 둔갑해서 나를 돌려 가며 쳤다.
출처 : 『어둠의 자식들』 이철용

 유의어

둔갑술, 변신, 탈바꿈

허풍

지나치게 과장하여 믿음이 가지 않는 말이나 행동.

• 교과서 속 문장

드나들게 되면서부터 평산은 최치수가 자기를 무척 가까이하는 것처럼 **허풍**을 떨었으나 그의 말을 믿는 마을 사람은 아무도 없었다.

출처 : 『토지』 박경리, 고2 문학

함께 알면 좋은 어휘

허풍선이(허풍쟁이) : 허풍을 잘 떠는 사람을 가리키는 말로, 과장이 매우 심하고 모든 일을 부풀려서 이야기한다는 뜻.

더하기 상식

『허풍선이 남작의 모험』이란 작품은 1785년에 출간된 독일 작가가 쓴 소설로, 역사상 가장 황당무계한 허풍선이 남작의 모험 이야기를 담고 있다. 화가 귀스타브 도레, 조지 크룩생크 등 당대의 삽화가, 예술가들에게 많은 영향을 미친 작품.

천자

하늘을 대신하여 천하를 다스리는 사람이라는 뜻으로,
황제를 이르는 말.

• 교과서 속 문장

천자는 그 의리를 가상하게 여기고, 제후는 그 명성을 사모하였다.

출처 : 「호질」 박지원, 중3-2 국어

함께 알면 좋은 속담

내일의 천자보다 오늘의 재상 : 결정된 바가 없는 큰 것보다는 비록 적지만 바로 얻
을 수 있는 것이 더 이롭다는 말.

다른 작품 속 예문

천자가 거느린 군대의 위력과 위엄에 의거하여, 백제와 고구려를 평정하고, 그 국
토를 빼앗아….
출처 : 『혼불』, 최명희, 매안출판사

□
□
□

설빔

설을 맞아 새로 장만하여 입는 옷이나 신발.

• 교과서 속 문장

한편 봉순네는 여러 날 밤을 새가며 지은 **설빔**을 챙기느라 바빴다.

출처 : 『토지』 박경리, 고2 문학

더하기 상식

단오빔 : 음력 5월 5일, 우리나라 명절 중 하나인 단오에 나쁜 귀신을 없애고 여름 동안의 건강을 기원하는 뜻에서 치장한 것을 뜻한다. 주로 창포물에 머리를 감고 얼굴을 씻으며 화려한 새 옷을 입고 창포 뿌리로 만든 비녀를 꽂았다.

함께 알면 좋은 어휘

빔 : 명절이나 잔치에 새 옷을 차려 입음. 또는 그 옷을 가리키는 말. 추석빔 또는 단오빔 등으로 쓴다.

현숙하다

여자의 마음이 너그럽고 착하며 정숙하다.

• 교과서 속 문장

천자가 그 절개를 가상하게 여기고, 제후가 그의 **현숙**함을 사모하여 그가 사는 읍 둘레 몇 리를 동리자 과부가 사는 마을이라는 뜻의 '동려 과부지려'라고 봉하였다.

출처 : 「호질」 박지원, 중3-2 국어

 다른 작품 속 예문

이 참봉 부인 윤씨나 맏며느리 정씨는 현숙하고 범절이 높았다.
출처 : 「어둠에 갇힌 불꽃들」 한무숙

 유의어

어질다, 정숙하다, 숙청하다

해거름

하루해가 지는 무렵 또는 그런 때.

• 교과서 속 문장

한편 장연학이 진주에 도착했을 때는 **해거름**이었다.

출처 : 『토지』 박경리, 고2 문학

 함께 알면 좋은 어휘

갓밝이 : 날이 막 밝을 무렵을 이르는 말.
예) 초겨울 갓밝이의 냉기가 차갑게 볼을 할퀴었다.
출처 : 『녹두장군』 송기숙, 시대의창

 유의어

석양 : 저녁때의 햇빛, 저무는 해. 또는 그 무렵.

☐
☐
☐

교정

출판물의 잘못된 글자나 글귀 등을 바르게 고침.

• 교과서 속 문장

나이 마흔에 자신의 손으로 **교정**한 책이 만 권이고, 아홉 가지 유교 경전을 부연 설명하여 다시 책으로 지은 것이 일만 오천 권이나 된다.

출처 : 「호질(虎叱)」, 박지원, 중3-2 국어

 작품 알기 : 고전소설 「호질」

박지원의 『열하일기』에 등장하는 짧은 소설. 고리타분하고 성생활이 문란한 조선 후기 양반을 풍자하는 글.

 다른 작품 속 예문

요즘 같은 그런 신문의 교정을 보고 앉았을 바에야 차라리 구걸을 해서 먹고사는 편이 나을 거요.
출처 : 『행복어사전』, 이병주, 한길사

억양

음(音)의 상대적인 높이를 변하게 함. 또는 그런 변화.

• 교과서 속 문장

그 **억양**으로 읽어야 시인이 의도한 세계가 살 수 있다고 말입니다.

출처 : 『우리말 산책』 이익섭, 중2-1 국어

일반 예문

억울한 일을 당한 친구가 흥분된 억양으로 자신의 상황을 하소연했다.

한자어 풀이

누를 억(抑) / 오를 양(揚)

유의어

어조, 양음(揚音), 악센트(Accent)

결초보은

죽은 뒤에도 은혜를 잊지 않고 갚음.

- 교과서 속 문장

  부인의 하늘 같은 은혜와 착하신 말씀은 저승으로 돌아가서 **결초보은** 하겠습니다.

  출처 : 『심청전』 작자 미상, 중3-2 국어

 다른 작품 속 예문

영감의 은혜는 백골난망이외다. 죽어 저승에 가서라도 결초보은을 하오리다.
출처 : 『임진왜란』 박종화, 달궁

 한자어 풀이

맺을 결(結) / 풀 초(草) / 갚을 보(報) / 은혜 은(恩)

□
□
□

일반화

개별적인 것이나 특수한 것이 일반적인 것으로 됨.
또는 그렇게 만듦.

• 교과서 속 문장

그 향토 시인의 주장은 일면 일리는 있는데 **일반화**하기는 어렵지 않을
까 합니다.

출처 : 『우리말 산책』 이익섭, 중2-1 국어

 함께 알면 좋은 표현

성급한 일반화의 오류 : 몇 가지 사례나 경험만을 가지고 전체 또는 전체의 속성을
섣불리 단정 짓거나 판단하는 데서 생기는 오류를 의미함.

 한자어 풀이

한 일(一) / 일반 반(般) / 될 화(化)

 유의어

보편화, 범화

대조

둘 이상인 대상의 내용을 맞대어 서로 간의 같고 다름을 검토함.

• '대조'의 방법을 활용한 교과서 속 문장

발효는 우리에게 유용한 물질을 만드는 반면에, 부패는 우리에게 해로운 물질을 만들어 낸다는 점에서 차이가 있다.

출처 : 비상교육 교과서, 중학교 공통

일반 예문

선생님께서는 두 학생이 제출한 과제물을 대조하여 보며 누군가 베끼지는 않았는지 확인하셨다.

한자어 풀이

대할 대(對) / 비칠 조(照)

유의어

비교, 참조, 체크, 대비

도매상

물건을 낱개가 아닌 묶음으로 파는 장사. 그런 장수 또는 가게.

• 교과서 속 문장

수남이는 청계천 세운 상가 뒷길의 전기용품 **도매상**의 꼬마 점원이다.

출처 : 『자전거 도둑』 박완서, 중1-1 국어(다림)

 작품 알기 : 현대소설 『자전거 도둑』

박완서가 1979년에 펴낸 동화이자 1999년에 다시 펴낸 동화책. 어린이 권장도서로 선정되어 널리 알려졌다. 1970년대 서울 청계천 세운상가를 배경으로 하며, 현대인들의 부도덕성과 비양심적인 태도를 비판하고 도덕성과 양심 회복의 필요성을 주제로 하는 작품.

 반의어

소매상 : 물건을 생산자나 도매상에게 사들여 소비자에게 직접 파는 장사. 그런 장수 또는 가게.

비교

둘 이상의 사물을 견주어 서로 간의 유사점·차이점·일반 법칙
따위를 고찰하는 일.

• '비교'의 방법을 활용한 교과서 속 문장

미생물이 유기물에 작용하여 물질의 성질을 바꾸어 놓는다는 점에서
발효는 부패와 비슷하다.

출처 : 비상교육 교과서, 중학교 공통

 함께 알면 좋은 어휘

비중(比重) : 다른 것과 비교할 때 차지하는 중요도.

 한자어 풀이

견줄 비(比) / 견줄 교(較)

 유의어

유비, 비론, 비량, 대조, 대비

□
□
□

잦다

되풀이되는 간격이 매우 짧다.

• 교과서 속 문장

이 가게에는 변두리 전기 상회나 전공들로부터 걸려오는 전화가 **잦다**.

출처 : 『자전거 도둑』 박완서, 중1-1 국어

 일반 예문

· 이 도로는 교통사고가 매우 잦은 곳이다.
· 올여름은 예년보다 덥고 호우와 태풍이 잦다.

 유의어

빈번하다, 빈삭하다

시비

곁에서 여러 가지 심부름을 하는 계집종.

• 교과서 속 문장

무릉촌 장 승상 댁 부인이 그제야 이 말을 듣고 급히 **시비**를 보내어 심 소저를 부르기에, 소저가 **시비**를 따라가니 승상 부인이 문밖에 내달아 소저의 손을 잡고 울며 말했다.

출처 : 『심청전』 작자 미상, 중3-2 국어

같은 말 다른 뜻

· 시비(是非)① : 옳고 그름. 또는 옳고 그름을 따지는 말다툼.
· 시비(施肥)② : 논밭에 거름을 주는 일.

다른 작품 속 예문

섬섬한 가는 손으로 동기동기 비파를 뜯는 시비 하나…
출처 : 『금삼의 피』 박종화, 새움

□
□
□

황공하다

위엄이나 지위 등에 눌리어 두렵다.

• 교과서 속 문장

수남이는 제가 무슨 큰 실수나 저지른 것처럼 **황공해하며** 볼까지 붉어
진다.

출처 : 『자전거 도둑』 박완서, 중1-1 국어

 다른 작품 속 예문

흥선이 잠연히 이렇게 말할 때에, 영초는 황공하여 감히 머리를 들지 못하였다.
출처 : 『운현궁의 봄』 김동인

 한자어 풀이

두려워할 황(惶) / 두려울 공(恐)

앙화

어떤 일로 인하여 생기는 재난.

• 교과서 속 문장

하느님의 어지심과 귀신의 밝은 마음 **앙화**가 없겠느냐?

출처 : 『심청전』 작자 미상, 중3-2 국어

 다른 작품 속 예문

살을 풀자면 얼마 동안 제가 대주 눈앞에 보이지 않아야 한다고 그러더라는군요.
그렇지 않으면 대주께 큰 앙화가 미칠지 모른다고요.
출처 : 『농민』 이무영

 한자어 풀이

재앙 앙(殃) / 재앙 화(禍)

☐ _____
☐ _____
☐ _____

짜다

속된(고상하지 못하고 천한) 의미로 인색하다.

• 교과서 속 문장

월급은 좀 **짜게** 주지만, 그 감미로운 소리를 어찌 후한 월급에 비기겠는가.

출처 : 『자전거 도둑』 박완서, 중1-1 국어

같은 말 다른 뜻

· 짜다① : 소금과 같은 맛이 있다.
· 짜다② : 압착하여 물기나 기름 등을 빼내다.
· 짜다③ : 실이나 끈 등의 씨줄과 날줄을 엮어서 천 따위를 만들다.
· 짜다④ : 무언가 새로운 것을 생각해내기 위하여 온 힘과 정신을 기울이다.

일반 예문

돈 있는 부자들이 알고 보면 더 짜다.

□
□
□

제물

제사를 지낼 때 바치는 물건이나 짐승 따위를 말함.

• 교과서 속 문장

남경 뱃사람들에게 인당수 **제물**로 몸을 팔아 오늘이 떠나는 날이니 저
를 마지막 보셔요.

출처 : 『심청전』 작자 미상, 중3-2 국어

함께 알면 좋은 속담

도둑고양이더러 제물 지켜달라 한다 : 미덥지 못한 사람에게 일이나 물건을 맡겨
놓고 걱정함을 비유적으로 이르는 말.

다른 작품 속 예문

그들은… 제물을 올리고, 마을이 태평하고 궂은 액년을 막아 줄 것을 빌었다.
출처 : 『타오르는 강』 문순태, 소명출판

☐ _____
☐ _____
☐ _____

만발하다

꽃이 활짝 피다.

· 교과서 속 문장

달력에는 벚꽃이 **만발**해 있었다.

출처 : 『자전거 도둑』, 박완서, 중1-1 국어

 다른 작품 속 예문

빗속에 산수유가 만발하고 덩달아 개나리, 진달래도 꽃망울을 열었으며…
출처 : 『원주 통신』, 박경리

 유의어

만개하다, 난개하다, 난발하다

황천

사람이 죽은 뒤에 그 혼이 가서 산다고 하는 세상인 저승을 이름.

• 교과서 속 문장

돌아가신 어머니는 **황천**으로 가 계시고 나는 이제 죽게 되면 수궁으로 갈 것이니, 수궁에서 **황천** 가기 몇만 리, 몇천 리나 되는고?

출처 : 『심청전』 작자 미상, 중3-2 국어

 다른 작품 속 예문

황천 가는 수가 있어, 쥐도 새도 모르게.
출처 : 『머나먼 쏭바강』, 박영한, 이가서

 같은 말 다른 뜻

· 황천(荒天)① : 비바람이 심한 날씨.
· 황천(皇天)② : 크고 넓은 하늘.

□
□
□

사색

어떤 것에 대하여 깊이 생각하고 이치를 따짐.

• 교과서 속 문장

아이들에게는 **사색**과 명상보다는 끊임없이 움직이는 것이 행복입니다.

출처 : 「자연이 하는 말을 받아쓰다」 김용택, 중3-1 국어

 같은 말 다른 뜻

사색(辭色) : 말과 얼굴빛을 아울러 이르는 말.

 한자어 풀이

생각할 사(思) / 찾을 색(索)

 유의어

생각, 사려, 숙고, 명상

괴이하다

별나며 괴상하다.

• 교과서 속 문장

그나저나 양반의 자식으로 몸을 팔았단 말이 듣기에 **괴이하다**마는 장
승상 댁 수양딸로 팔린 거야 어떻겠느냐.

출처 : 『심청전』 작자 미상, 중3-2 국어

다른 작품 속 예문

제 나라에서 일어난 동학은 목숨을 내어놓고 토벌까지 하면서 서양 오랑캐의 천주
학을 한다는 것부터도 괴이한 일이거니와….
출처 : 『백범일지』 김구

유의어

괴상하다, 놀랍다, 엉뚱하다

☐
☐
☐

착시

시각적인 착각 현상.

- 교과서 속 문장

  오늘은 제가 연구하는 **착시**에 관해 이야기해보겠습니다.

  출처 : 「내가 보는 세상은 진짜일까」 김경일, 중2-1 국어

 유의어

환시(幻視) : 실제 존재하지 않는 것을 마치 본 것처럼 느끼는 환각 현상.

 일반 예문

착시 현상을 이용한 독특하고 재미있는
그림이 많다.

 한자어 풀이

어긋날 착(錯) / 볼 시(視)

예시

대상과 연관된 구체적이고 친근한 예를 제시하여
설명하는 방법.

• '예시'의 방법을 활용한 교과서 속 문장

앞에서 소개한 요구르트, 하몬, 된장을 비롯하여 달콤하고 고소한 향으
로 우리를 유혹하는 빵, 빵과 환상의 궁합을 자랑하는 치즈 등을 그 예
로 들 수 있다.

출처 : 비상교육 교과서, 중학교 공통

 일반 예문

적절한 예시를 들어가면서 이야기하면 듣는 사람을 이해시키기가 수월하다.

 한자어 풀이

법식 례(예)(例) / 보일 시(示)

 유의어

본보기, 보기, 예, 사례

☐
☐
☐

포효

사나운 짐승의 울부짖음. 또는 그 소리를 뜻하며,
사람·기계·자연물 등의 세고 거친 소리를 비유적으로 이르는 말.

· 교과서 속 문장

큰 나무와 작은 나무가 함께 사는 숲은 바람에 얼마나 우렁차고 비통하
게 **포효**하는가.

출처 : 『자전거 도둑』 박완서, 중1-1 국어

유의어

조효, 포호, 호소

한자어 풀이

고함지를 포(咆) / 성낼 효(哮)

정의

어떤 단어의 본질 · 개념 · 뜻을 밝혀 설명하는 방법.

• '정의'의 방법을 활용한 교과서 속 문장

발효란 곰팡이나 효모와 같은 미생물이 탄수화물, 단백질 등을 분해하는 과정을 말한다.

출처 : 비상교육 교과서, 중학교 공통

같은 말 다른 뜻

정의(正義) : 진리에 맞는 올바른 도리. 옳은 의의.

한자어 풀이

정할 정(定) / 옳을 의(義)

유의어

뜻매김, 뜻, 규정, 계설

☐
☐
☐

산등성이

산의 등줄기. 산의 가운데가 꺼지거나 솟아
울룩불룩한 부분을 이르는 말.

- **교과서 속 문장**

봄바람이 한차례 지나고 거짓말같이 화창하고 아늑하게 갠 날, 들판이
나 **산등성이**에 있어 본 적이 없을 테니까.

출처 : 『자전거 도둑』, 박완서, 중1-1 국어

 다른 작품 속 예문

헬리콥터들은 적막한 이른 아침이 깔린 산등성이를 타고 비스듬히 비행하며 상승했다.
출처 : 『하얀 전쟁』, 안정효, 세경북스

 함께 알면 좋은 어휘

· 산마루 : 산등성이의 가장 높은 곳.
· 산골짜기 : 산과 산 사이의 움푹하게 들어간 곳.

☐
☐
☐

물색

어떤 일의 까닭이나 형편.

• 교과서 속 문장

  심 봉사가 **물색**도 모르면서 이 말만 반겨 듣고

  출처 : 『심청전』 작자 미상, 중3-2 국어

함께 알면 좋은 속담

물색 모르고 덤비다(날뛰다) : 일이 어떻게 돌아가는지 제대로 알지 못하고 가볍게
행동한다는 뜻.

같은 말 다른 뜻

· 물색(物色)① : 물건의 빛깔.
· 물색(物色)② : 기준에 알맞은 사람·물건·장소를 찾는 일.
· 물색(물色)③ : 물의 빛깔과 같은 연한 파란색.

□
□
□

예기치 못하다

앞으로 닥쳐올 일에 대하여 미리 생각하지 못하다.

- 교과서 속 문장

  수남이로서는 전혀 **예기치 못했던** 사태였다.

  출처 : 『자전거 도둑』 박완서, 중1-1 국어

 더하기 상식

'얘기하다'는 '이야기하다'의 줄임말이다. 참고로 '예기하다(앞으로 닥칠 일을 미리 생각하고 기다리다)'와 발음상 구분은 어렵지만 뜻이 다르기 때문에 표기할 때 유의해야 한다.

 반의어

예기하다, 예상하다

지성

지극한 정성.

- 교과서 속 문장

우리 아버지가 앞을 못 보서서 공양미 3백 석을 **지성**으로 불공하면 눈을 떠 보리라.

출처 : 『심청전』 작자 미상, 중3-2 국어

 함께 알면 좋은 속담

지성이면 감천이다 : 정성이 지극하면 하늘도 감동한다는 뜻으로, 무슨 일이든지 정성을 다하면 어렵고 힘든 일도 이룰 수 있음을 이르는 말.

 같은 말 다른 뜻

· 지성(知性)① : 인간의 지적인 능력.
· 지성(至聖)② : 지혜와 덕이 뛰어난 성인.
· 지성(枝城)③ : 본래의 성 밖에 지은 작은 성.

증손녀

손자의 딸. 또는 아들의 손녀.

- **교과서 속 문장**

  소년은 개울가에서 소녀를 보자 곧 윤 초시네 **증손녀** 딸이란 걸 알 수
  있었다.

  출처 : 『소나기』 황순원, 중1 국어(다림)

 작품 알기 : 현대소설 『소나기』

1952년 《신문학》에 발표된 단편소설로, 원제는 '소녀(少女)'. 시적이고 서정적인 경
향이 뚜렷이 나타나며, 황순원 작가의 작품 중에서 대중적으로 알려진 소설 중 하
나. 주인공인 소년과 몰락해 가는 양반집인 윤 초시 댁 증손녀인 소녀의 아름다운
사랑 이야기를 주제로 그리고 있다.

 함께 알면 좋은 어휘

증손자 : 손자의 아들. 또는 아들의 손자.

☐
☐
☐

가없다

끝이 없다.

- **교과서 속 문장**

우리는 남경 뱃사람으로 인당수를 지나갈 제 제물로 제사하면 **가없는**
너른 바다를 무사히 건너고 수만금 이익을 내기로, 몸을 팔려 하는 처녀
가 있으면 값을 아끼지 않고 주겠습니다.

출처 : 『심청전(沈淸傳)』 작자 미상, 중3-2 국어

작품 알기 : 고전소설 『심청전』

조선시대에 쓰인 한글소설이자 판소리계 소설. 지은이와 정확한 창작 시기는 알 수
없으며, 80여 종의 필사본·판각본·활자본이 있다. 눈먼 아버지의 눈을 뜨게 하려고
자기를 희생하는 딸 심청의 지극한 효성 이야기를 그린 작품.

유의어

그지없다, 끝없다, 무한하다

☐
☐
☐

기슭

바다나 강 등의 물과 닿아 있는 땅.
또는 산이나 처마 등에서 비탈진 곳의 아랫부분.

• 교과서 속 문장

그런데 어제까지 개울 **기슭**에서 하더니, 오늘은 징검다리 한가운데 앉아서 하고 있다.

출처: 『소나기』 황순원, 중1 국어

 함께 알면 좋은 어휘

기슭막이 : 산기슭, 개울, 둑 등이 파이는 것을 막기 위하여 기슭이나 물 흐르는 방향과 평행하게 만든 구조물.

 일반 예문

산맥 동쪽 기슭에는 여름에 특히 비가 많이 내린다.

미물

인간에 비하여 보잘것없는 것. 주로 동물을 이르는 말.

- **교과서 속 문장**

  자라나 토끼가 똑같은 **미물**이지만 깊은 충성심으로나 날렵한 지혜로나
  사람보다 못하다 할 수 없다.

  출처 : 『토끼전』 작자 미상, 중3-2 국어

다른 작품 속 예문

아니지, 살아 움직이는 것 이상이었어. 살아 움직이는 벌레는 미물에 지나지 않
지만 그림 속의 벌레는 혼이 있는 영물이었으니까.
출처 : 『미망』 박완서

한자어 풀이

작을 미(微) / 물건 물(物)

인권

인간으로서 당연히 가지는 기본적 권리.

• 교과서 속 문장

인권이라는 개념은, 사람에게 눈이 두 개고 코가 하나라고 하는 것처럼 자연적으로 형성된 개념이 아니라, 오랜 시간에 걸쳐 생성되고 발전해 온 개념이다.

출처 : 『동물을 사랑하면 철학자가 된다』 이원영, 중3-2 국어(문학과지성사)

 더하기 상식

세계인권선언 : 1948년, 파리에서 열린 제3회 국제연합총회에서 채택된 인권에 관한 선언. 시민적·정치적 권리가 중심이지만 노동자의 단결권, 교육에 관한 권리, 예술을 향유할 권리 등 경제적·사회적·문화적 권리에 대해서도 규정하고 있다.

 한자어 풀이

사람 인(人) / 저울추 권(權)

 유의어

자연권

신통하다

신기할 정도로 뛰어나고 약빠르다(약아서 눈치나 행동 따위가 재빠름).

- 교과서 속 문장

  나의 재주는 내가 생각해도 **신통하구나.**

  출처 : 『토끼전』 작자 미상, 중3-2 국어

함께 알면 좋은 속담

까마귀 소리 열 소리에 한마디 신통한 소리 없다 : 눈에 거슬리는 사람이 하는 말이나 행동은 하나부터 열까지 다 밉기만 함을 이르는 말.

다른 작품 속 예문

천체의 변화는 무궁무진한 듯합니다. 더구나 구름의 재주란 신통하거든요.
출처 : 『신라통일』 홍효민

존엄성

감히 범할 수 없는 높고 엄숙한 성질.

• 교과서 속 문장

인간의 **존엄성**, 자유와 평등 같은 인권의 핵심 개념이 동물에 대해서는
어떻게 적용되어야 하는지에 관해서도 깊이 논의된 바가 없다.

출처 : 『동물을 사랑하면 철학자가 된다』, 이원영, 중3-2 국어

 더하기 상식

휴머니즘(Humanism) : 인간의 존엄성을 최고의 가치로 여기고, 인종·민족·국가 등
의 차이를 초월하여 인류의 안녕과 복지를 꾀하는 것을 이상으로 삼는 사상 및 태도.

 일반 예문

헌법 제10조는 모든 국민은 인간으로서
의 존엄성을 가지고 있으며, 국가가 이를
보장해야 함을 명시하고 있다.

 한자어 풀이

높을 존(尊) / 엄할 엄(嚴) / 성품 성(性)

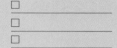

12월 2일

추상

여러 가지 사물이나 개념에서 공통되는 특성이나 속성 따위를
추출하여 파악하는 작용.

· 교과서 속 문장

추상 표현주의라는 미술 사조가 유행했는데 작품을 보고 이해하기가
아주 어려웠다고 해요.

출처 : 『창의력이 빵! 터지는 즐거운 미술 감상』 전성수, 중1-1 국어

 더하기 상식

입체주의 : 20세기 초 프랑스에서 활동한 유파. 대상을 원뿔·원통·구 따위의 기하학
적 형태로 분해하고, 주관에 따라 재구성하여 여러 방향에서 본 상태를 평면적으로
한 화면에 구성하여 표현하였다. 피카소, 브라크 등이 대표적 작가이다.

 한자어 풀이

뽑을 추(抽) / 코끼리 상(象)

반의어

구상, 구체

상기되다

부끄러움이나 흥분으로 얼굴이 붉어지다.

· 교과서 속 문장

약간 **상기**된 얼굴에 살포시 보조개를 떠올리며

출처: 『소나기』 황순원, 중1 국어

같은 말 다른 뜻

· 상기(想起)① : 지난 일을 돌이켜 생각함.
· 상기(上記)② : 어떤 사실을 알리기 위해 위나 앞쪽에 적음.

유의어

붉어지다, 빨개지다, 난면하다

12월 1일

☐
☐
☐

소재

어떤 것을 만드는 데 바탕이 되는 재료.

• 교과서 속 문장

누구에게나 친숙한 **소재**를 활용한 작품을 팝아트라고 해요.

출처 : 『창의력이 빵! 터지는 즐거운 미술 감상』, 전성수, 중1-1 국어(토토북)

더하기 상식

팝아트(Pop Art) : 1950년대 후반 미국에서 일어난 회화의 한 양식. 일상생활 용구 따위를 소재로 삼아 전통적인 예술 개념을 깨뜨려버리는 전위적(前衛的, 혁신적이고 급진적인 것)인 미술 운동으로, 광고·만화·보도 사진 따위를 그대로 주제로 삼는다.

한자어 풀이

본디 소(素) / 재목 재(材)

유의어

재료, 자재, 자료, 제재, 원료, 거리

생채기

손톱 등으로 할퀴거나 긁혀서 생긴 작은 상처.

• 교과서 속 문장

소년은 저도 모르게 **생채기**에 입술을 가져다 대고 빨기 시작했다.

출처 : 『소나기』, 황순원, 중1 국어

 일반 예문

토끼의 길게 자란 발톱은 사람이나 물건에 생채기를 낼 수 있어서 정기적으로 관리해주어야 합니다.

 유의어

상처, 흠집

12월

□
□
□

코뚜레

소의 코청(두 콧구멍 사이에 있는 막)을 꿰뚫어 끼우는 나무 고리.
조금 자란 송아지 때부터 고삐를 매는 데 씀.

· 교과서 속 문장

누렁송아지였다. 아직 **코뚜레**도 꿰지 않았다.

출처 : 『소나기』 황순원, 중1 국어

더하기 상식

소가 자라면서 점점 힘이 세지고 부리기가 어려워지기 때문에 통제하기 위해서 코
뚜레를 쓴다. 태어난 지 10~12개월이 되면 코뚜레를 끼워 길을 들여야 한다.

다른 작품 속 예문

웅보 생각에 코뚜레를 꿰어서 끌고 간다고 해도 따라나설 것 같지가 않기에
출처 : 『타오르는 강』 문순태, 소명출판

☐
☐
☐

식언

한번 입 밖에 낸 말을 도로 입속에 넣는다는 뜻으로,
약속한 말을 지키지 않음.

- **교과서 속 문장**

  좋은 약을 보내기로 네 왕에게 약속했으니, 점잖은 내 체면에 어찌 **식언**
  을 하겠느냐?

  출처 : 『토끼전』 작자 미상, 중3-2 국어

 다른 작품 속 예문

이준은 황국 협회 타도를 부르짖고 식언을 일삼는 정부를 규탄하였다.
출처 : 『타오르는 강』 문순태, 소명출판

 유의어

위언, 일구양설(一口兩舌), 일구이언(一口二言)

2월

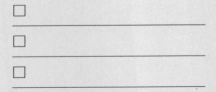

만경창파

만 이랑의 푸른 물결이라는 뜻으로,
한없이 넓은 바다를 이르는 말.

• 교과서 속 문장

그러나 임금을 위하는 마음에서 그런 것이며, **만경창파** 그 먼 길을 네
등으로 왕래하며 죽고 사는 고생을 함께하였기에 목숨만은 살려 보내
주겠다.

출처 : 『토끼전』 작자 미상, 중3-2 국어

 함께 알면 좋은 속담

만경창파에 배 밑 뚫기 : 굉장히 심통 사나운 행동을 비유적으로 이르는 말.

 한자어 풀이

일만 만(萬) / 밭 넓이 단위(이랑) 경(頃) / 푸를 창(蒼) / 물결 파(波)

☐
☐
☐

고삐

말이나 소를 몰거나 부리려고 재갈이나 코뚜레에
잡아매어 끄는 줄.

• 교과서 속 문장

소년이 **고삐**를 바투 잡아 쥐고 등을 긁어 주는 체 홀쩍 올라탔다.

출처 : 『소나기』 황순원, 중1 국어

 함께 알면 좋은 어휘

· 굴레 : 말이나 소를 부리기 위해 머리와 목에 거는 줄.
· 재갈 : 말의 입에 가로로 걸어 말을 통제하는 막대.

 일반 예문

용주는 고삐 풀린 망아지처럼 이리저리 뛰어다녔다.

소행

이미 해놓은 일이나 행동.

• **교과서 속 문장**

네 소행을 생각하면 산속으로 잡아다가 푹 삶아서 백소주 안줏감으로 초
장에나 찍어 먹으며 우리 동무들과 잔치를 벌이고 싶은 마음 간절하구나.

출처 : 『토끼전』 작자 미상, 중3-2 국어

 다른 작품 속 예문

혜관은 강쇠를 노려본다. 강쇠의 소행인 것을 믿었고, 그 소행을 노여워하기보다
길 서방 앞에서 거리낌 없이 말하는 행위를 노여워한 것이다.
출처 : 『토지』 박경리

 유의어

소위(所爲), 소행머리

잠방이

가랑이가 무릎까지 내려오도록 짧게 만든 한 겹짜리 바지.

• 교과서 속 문장

걷어올린 소년의 **잠방이**까지 물이 올라왔다.

출처 : 『소나기』, 황순원, 중1 국어

 함께 알면 좋은 속담

하지도 못할 놈이 잠방이 벗는다 : 실력도 없는 사람이 그 일을 하겠다고 덤비는 것을 비꼬는 말.

 유의어

곤의, 사발고의

문답

물음과 대답.

• 교과서 속 문장

그럭저럭 **문답** 아닌 **문답**을 하며 토끼와 별주부는 넓고 너른 푸른 바다를 다 지나고 바닷가 기슭에 도착했다.

출처 : 『토끼전』 작자 미상, 중3-2 국어

다른 작품 속 예문

어떤 사마리아 여인과 문답한 것이 있는데 또한 이와 비슷했다는 것이다.
출처 : 『사반의 십자가』 김동리

유의어

질의응답

□
□
□

독서광

책에 미친 듯이 다독하는 사람.

• 교과서 속 문장

사실 나는 노는 데는 도가 텄지만 타고난 **독서광**은 아니었다.

출처 : 『과학자의 서재』 최재천, 중2-1 국어(움직이는서재)

한자어 풀이

읽을 독(讀) / 글 서(書) / 미칠 광(狂)

일반 예문

독서광인 내 친구는 한시도 책을 손에서
놓지 않는다.

유의어

책벌레

원혼

분하고 억울하게 죽은 사람의 넋.

• 교과서 속 문장

아까운 이내 목숨 수중 **원혼**이 되었겠구나.

출처 : 『토끼전』 작자 미상, 중3-2 국어

다른 작품 속 예문

형님, 이 노래는 말이오. 죽은 사람의 원혼이 이 지상을 맴돌지 말고 하늘나라로 떠나기를 간절히 비는 진혼곡이란 말이오.

출처 : 『지구인』 최인호, 문학동네

한자어 풀이

원통할 원(冤) / 넋 혼(魂)

☐
☐
☐

사유

대상을 두루 생각하는 일.
개념·구성·판단·추리 따위를 행하는 인간의 이성 작용.

• **교과서 속 문장**

간단히 말하면 그전까지 없었던 **사유**의 세계가 만들어지고, 상상력의
범위가 넓어졌다고 할까?

출처 : 『과학자의 서재』, 최재천, 중2-1 국어

반의어

직관 : 감각·경험·연상·판단·추리 따위의 사유 작용을 거치지 아니하고 대상을
직접적으로 파악하는 작용.

함께 알면 좋은 어휘

이성(理性) : 인간의 본질적 특성. 개념적
으로 사유하는 능력을 감각적 능력에 상
대하여 이르는 말.

한자어 풀이

생각 사(思) / 생각할 유(惟)

구도

그림에서 모양·색깔·위치 따위의 짜임새.

• 교과서 속 문장

인류 역사상 가장 불가사의하고 완벽한 **구도**로 화면을 구성했던 르네상스의 화가 레오나르도 다빈치.

출처 : 『그림 탐닉』 박정원, 중3-1 국어

 일반 예문

언덕에 오른 김 화백은 아래를 내려다보고 구도가 괜찮다며 그림 그릴 준비를 했다.

 한자어 풀이

얽을 구(構) / 그림 도(圖)

유의어

구성

☐
☐
☐

잔망스럽다

얄밉도록 맹랑한(만만히 볼 수 없을 만큼 똘똘하고 깜찍한) 데가 있다.

• 교과서 속 문장

그런데 참, 이번 계집앤 어린 것이 여간 **잔망스럽지가** 않아.

출처 : 『소나기』 황순원, 중1 국어

다른 작품 속 예문

승재는 그 자리에서 잔망스럽게 따지고 노하지 않을 만큼의 여유를 확보할 수가 있었다.
출처 : 『미망』, 박완서

함께 알면 좋은 어휘

잔망이 : 잔망스러운 사람을 이르는 말.

경관

산이나 들·강·바다 따위의 자연이나 지역의 풍경.

• 교과서 속 문장

야간 **경관** 조명을 시의 정책으로 적극적으로 추진하여 성공한 대표적인 사례가 프랑스 리옹이다.

출처 : 「밤이 아름다운 도시」, 이진숙, 중3-2 국어

 함께 알면 좋은 어휘

자연경관(自然景觀) : 사람의 손을 더하지 아니한 자연 그대로의 지리적 경관.

 한자어 풀이

경치 경(景) / 볼 관(觀)

 유의어

풍경, 전망, 미관, 산수, 경치

홰소리

닭이 홰(새장이나 닭장 속에 새나 닭이 올라앉도록 가로질러 놓은 나무 막대)를 치는 소리.

• 교과서 속 문장

산으로 올라서려니까 등 뒤에서 푸드덕푸드덕하고 닭의 **홰소리**가 야단이다.

출처 : 『동백꽃』 김유정, 중1-2, 2-1 국어

작품 알기 : 현대소설 『동백꽃』

1936년 《조광(朝光)》에 발표된 김유정의 단편소설. 사랑에 눈뜬 처녀와 아직 전혀 사랑을 모르는 순박한 총각을 중심으로, 1930년대 일제강점기 시절 토속적인 농촌을 풍자적이고도 유머러스하게 그림으로써 애정의 순진성을 객관적으로 묘사한 작품이다. 작품 전면에 향토미와 작가의 인간미가 넘쳐흐르는 사실주의풍 소설.

일반 예문

민호의 집 마당에서는 아침마다 홰소리가 들린다.

☐
☐
☐

노송

늙은 소나무.

• 교과서 속 문장

그때 제 간을 빼내 파초잎에 곱게 싸서 낭야산 최고봉에 우뚝 선 **노송** 가지에 높이 매달아 놓고 모임에 갔다가 저 별주부를 만나 곧바로 따라 왔습니다.

출처 : 『토끼전』, 작자 미상, 중3-2 국어

함께 알면 좋은 속담

배꼽에 노송나무 나거든 : 사람이 죽은 뒤 무덤 위에 소나무가 자라서 노송이 된다는 의미로, 애당초 불가능한 일이어서 기약할 수 없음을 말함. 비슷한 뜻의 속담으로 '곤달걀 꼬끼오 울거든', '군밤에서 싹 나거든'이 있다.

한자어 풀이

늙을 로(노)(老) / 소나무 송(松)

실팍하다

사람이나 물건 등이 보기에 매우 실속 있고 넉넉하다.

• 교과서 속 문장

대강이가 크고 똑 오소리같이 **실팍하게** 생긴 놈

출처 : 『동백꽃』, 김유정, 중1-2, 2-1 국어

일반 예문

권이는 몸이 실팍하여 운동을 잘할 것 같다.

유의어

실팍지다, 단단하다

11월 22일

조수

밀물과 썰물을 합하여 이르는 말.

· 교과서 속 문장

그래서 제 배 속에 있는 간은 달빛 같고 **조수** 같지요.

출처 : 『토끼전』 작자 미상, 중3-2 국어

다른 작품 속 예문

그 얘기 때문이 아니라 태영도 돌연 가슴속에 슬픔이 조수처럼 밀려오는 것을 느꼈다.
출처 : 『지리산』, 이병주, 한길사

같은 말 다른 뜻

· 조수(助手)① : 기술적인 일을 옆에서 보조하는 사람.
· 조수(鳥獸)② : 새와 짐승을 함께 이르는 말.

행주치마

부엌일을 할 때 옷을 더럽히지 않으려고 덧입는 작은 치마.

- **교과서 속 문장**

  게다가 조금 뒤에는 제 집께를 할금할금 돌아보더니 **행주치마**의 속으로
  꼈던 바른 손을 뽑아서 나의 턱에 불쑥 내미는 것이다.

  출처 : 『동백꽃』, 김유정, 중1-2, 2-1 국어

 더하기 상식

1593년 행주대첩 당시 적들에게 던질 돌멩이를 아녀자들이 덧치마를 걸치고 거기
에 담아 날라주어 여기서 행주치마란 단어가 유래했다는 이야기가 있지만 이는 터
무니없는 헛소문이다. 행주대첩이 있기 76년 전인 1517년 최세진이 쓴 『사성통해』
에 행주치마란 단어가 나오기 때문이다.

 유의어

앞치마, 에이프런(Apron)

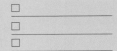

절통하다

뼈에 사무치도록 원통하다.

- 교과서 속 문장

그런데 이 방정맞은 것이 그만 간 없이 왔사오니 **절통하기가** 그지 않습니다.

출처 : 『토끼전』 작자 미상, 중3-2 국어

 다른 작품 속 예문

부모라는 것이, 더구나 아비라는 것이 두 눈을 번하게 뜨고도 말 한마디 못 하다니, 그저 원통하고 절통해서 견딜 수가 없었다.
출처 : 『아호』 하근찬, 산지니

 유의어

분하다, 억울하다, 원통하다

□
□
□

마름

토지의 소유자인 지주를 대리하여 소작권(소작료를 지급하고 타인의 농지를 빌려 농사를 짓고 이익을 얻는 권리)**을 관리하는 사람.**

· 교과서 속 문장

그렇지 않아도 저희는 **마름**이고 우리는 그 손에서 배재(재배, 식물을 심어 가꿈)를 얻어 땅을 부치므로 일상 굽실거린다.

출처 : 『동백꽃』 김유정, 중1-2, 2-1 국어

 같은 말 다른 뜻

· 마름① : 옷감 등을 치수에 맞도록 재거나 자름.
· 마름② : 연못 등에서 뿌리를 진흙 속에 박고 줄기가 길게 자라 물 위에 뜨는 마름과의 한해살이풀.

 일반 예문

마름 주제에 지주처럼 행세를 한다.

□
□
□

천재일우

천 년 동안 단 한 번 만난다는 뜻으로,
좀처럼 만나기 어려운 좋은 기회.

- 교과서 속 문장

  게다가 행여 병환이 나으면 대왕 덕택에 기린각 능운대에 새겨진 저의
  이름을 후세에 전할 테니 **천재일우**가 따로 없겠지요.

  출처 : 『토끼전』 작자 미상, 중3-2 국어

다른 작품 속 예문

차츰 시간이 지나가자 임이는 천재일우의 기회를 놓친 것이 분하고 억울했던 것 같
았다.
출처 : 『토지』 박경리

유의어

천세일시(千歲一時), 천재일시(千載一時)

☐
☐
☐

형성

어떤 형상을 이룸.

• 교과서 속 문장

왜냐하면 사람들이 처음에 **형성**된 인상을 좀처럼 바꾸려 하지 않기 때문이다.

출처 : 『관계의 심리학』 이철우, 중1-1 국어

 일반 예문

그 배우는 출산율을 높이자는 사회적 공감대의 형성을 위해 공익 광고에 출연했다.

 유의어

조성, 발생, 구축, 창출, 편성, 구성

 한자어 풀이

모양 형(形) / 이룰 성(成)

해괴망측

말할 수 없이 괴상하고 이상함.

- **교과서 속 문장**

  못 죽어서 울다니 이 무슨 **해괴망측**한 말인가.

  출처 : 『토끼전』 작자 미상, 중3-2 국어

다른 작품 속 예문

상감이 계신 지척지지(매우 가까운 곳) 중문 앞에서 이같이 떠드는 것은 해괴망측한 일이라 아니 할 수 없소.
출처 : 『임진왜란』 박종화, 달궁

한자어 풀이

놀랄 해(駭) / 괴이할 괴(怪) / 그물 망(罔) / 헤아릴 측(測)

부합

부신(符信)이 꼭 들어맞듯 사물이나 현상이 서로 꼭 들어맞음.

• 교과서 속 문장

뚱뚱한 사람은 절제력이 부족하다고 생각하는 사람은 뚱뚱한 사람의
여러 행동 중에서 자기의 생각에 **부합**하는 것만 기억하고 나머지는 아
예 무시해버린다.

출처 : 『관계의 심리학』, 이철우, 중1-1 국어

 뜻풀이 속 어휘

부신 : 나뭇조각이나 두꺼운 종이에 글자를 기록하고 증인(證印, 증명하기 위하여
찍는 도장)을 찍은 뒤, 두 조각으로 쪼개어 한 조각은 상대자에게 주고 다른 한 조각
은 자기가 가지고 있다가 나중에 서로 맞추어서 증거로 삼던 물건.

 한자어 풀이

들어맞을 부(符) / 합할 합(合)

 유의어

일치, 정합, 합치

유려하다

글이나 말, 곡선 따위가 거침없이 미끈하고 아름답다.

• 교과서 속 문장

여기에 빛으로 연출된 세체니 다리의 **유려한** 곡선이 말로 표현할 수 없는 환상적인 풍경을 만들어 낸다.

출처 : 「밤이 아름다운 도시」, 이진숙, 중3-2 국어

일반 예문

그 작가는 유려한 문체로 독자들을 매료시켰다.

한자어 풀이

흐를 류(유)(流) / 고울 려(여)(麗)

유의어

매끄럽다, 유창하다, 거침없다

봉당

방과 건넌방 사이, 마루를 놓을 자리에 마루를 놓지 않고
흙바닥을 그대로 둔 곳.

· 교과서 속 문장

점순이가 집 **봉당**에 홀로 걸터앉았는데, 아 이게 치마 앞에다 우리 씨암
닭을 꽉 붙들어 놓고는 "이놈의 닭! 죽어라, 죽어라."

출처 : 『동백꽃』, 김유정, 중1-2, 2-1 국어

다른 작품 속 예문

주인 없는 집 봉당에 흰 박통만이 흰 박통을 의지하고 굴러 있었다.
출처 : 『학』, 황순원

함께 알면 좋은 속담

봉당을 빌려주니 안방까지 달란다 : 매우 염치가 없음을 비유적으로 이름.

야경

밤의 경치.

• 교과서 속 문장

여행지에서 만나는 아름다운 **야경**은 낮의 풍경과는 또 다른 감성으로 관광객들을 매료한다.

출처 : 「밤이 아름다운 도시」 이진숙, 중3-2 국어

 일반 예문

창문 밖으로 내려다보이는 도시의 야경이 황홀할 만큼 아름다웠다.

 한자어 풀이

밤 야(夜) / 볕 경(景)

 유의어

밤경치, 야색(夜色)

쌍심지

말 그대로 한 등잔에 함께 있는 두 개의 심지.

• 교과서 속 문장

나는 눈에 **쌍심지**가 오르고 사지가 부르르 떨렸으나 사방을 한 번 휘돌아 보고야 그제서 점순이네 집에 아무도 없음을 알았다.

출처 : 『동백꽃』 김유정, 중1-2, 2-1 국어

 더하기 상식

일반적으로 화가 났을 때 '눈에 불이 나다'라는 표현을 쓰는데 그 유래는 다음과 같다. 쌍심지가 한 등잔에 있는 두 개의 심지를 뜻하므로 '쌍심지오르다(쌍심지서다)'라는 말이 두 눈에 불이 났다는 의미, 즉 '몹시 화나다'라는 의미를 갖게 된 것이다.

 일반 예문

소진이는 얼마나 화가 났는지 눈에 쌍심지를 켜고 바쁘게 달려가고 있었다.

가련하다

가엾고 불쌍하다.

- 교과서 속 문장

  용왕이 그 모습을 보니 아무 죄 없이 자기 때문에 죽게 된 토끼가 딱하기도 하고 **가련하기도** 했다.

  출처 : 『토끼전』 작자 미상, 중3-2 국어

 다른 작품 속 예문

세상에 이런 가련한 희생이 또 어디 있을까요.
출처 : 『적도』 현진건

 유의어

가엾다, 딱하다, 불쌍하다

침해

침범하여 해를 끼침.

· 교과서 속 문장

그러나 점순이의 **침해**는 이것뿐이 아니다.

출처 : 『동백꽃』 김유정, 중1-2, 2-1 국어

 다른 작품 속 예문

느닷없이 나타난 여자, 우선은 인기척을 낼 겨를도 없을 만큼 놀랐지만 영광은 뭔지 침해를 당한 것 같은 기분이었다.

출처 : 『토지』 박경리

 유의어

유린, 침범, 침손

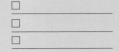

충성심

임금이나 국가에 대하여 진정으로 우러나오는 지극한 마음.

- **교과서 속 문장**

  토끼의 간이 아니면 다른 약이 없는 처지에 별주부가 **충성심**을 발휘해
  그 험한 육지에 가서 너를 잡아 왔느니라.

  출처 : 『토끼전』 작자 미상, 중3-2 국어

 작품 알기 : 고전소설 『토끼전』

조선시대에 쓰여진 고전소설. 토끼전 또는 별주부전(鼈主簿傳), 토생원전(兎生員傳)으로 불리며, 정확한 명칭은 수궁전(水宮傳)이다. 본래 구전으로 내려오던 것이 조선 후기에 기록되어 지금까지 전해지고 있다. 내용이 부분적으로 조금씩 다른 여러 필사본 및 목판본이 존재하며, 판본에 따라 결말 및 내용이 상이하다.

 한자어 풀이

충성 충(忠) / 정성 성(誠) / 마음 심(心)

☐ _____
☐ _____
☐ _____

두엄

풀·짚·가축의 배설물 등을 넣어 썩힌 거름.

- 교과서 속 문장

  밭에 **두엄**을 두어 짐 져내고 나서 쉴 참에 그 닭을 안고 밖으로 나왔다.

  출처 : 『동백꽃』 김유정, 중1-2, 2-1 국어

 함께 알면 좋은 속담

자식은 두엄 우에 버섯과 한가지다 : 두엄 위에 난 버섯은 수량이 많기는 하지만 볼품도 없고 쓸모도 없다는 뜻으로, 단지 자식이 많은 것이 자랑은 아님을 뜻함.

 유의어

거름, 퇴비

종적

없어지거나 떠난 뒤에 남는 자취나 행방.

• 교과서 속 문장

그 후로 다시 길동을 잡으라는 명이 더욱 화급하였으나, 여전히 **종적**을 찾을 수 없었다.

출처 : 『홍길동전』 허균, 중1-1, 2-1 국어

 다른 작품 속 예문

어찌 혼이 났던지 그놈은 그길로 도망을 간 것이 어디로 갔는지 종적을 모릅니다.
출처 : 「아기」, 김유정

 유의어

그림자, 발자취, 자취

□ _____
□ _____
□ _____

감때사납다

사람이 억세고 사납다.

• **교과서 속 문장**

그제서는 **감때사나운** 그 대강이에서도 피가 흐르지 않을 수 없다.

출처 : 『동백꽃』, 김유정, 중1-2, 2-1 국어

 다른 작품 속 예문

창을 들고 지나가던 젊은이들이 감때사납게 물었다. 묻는 태도가 이만저만 거칠지 않았다.
출처 : 『녹두장군』, 송기숙, 시대의창

 유의어

감궂다, 감때세다, 감사납다

정예

움직임이 빠르고 용맹스러움. 또는 그런 군사.

• 교과서 속 문장

정예 기병들이 말을 달려 길동을 쏘려 하였다.

출처 : 『홍길동전』 허균, 중1-1, 2-1 국어

 다른 작품 속 예문

내일 세 분 장군은 각기 정예 부대를 거느리고 상륙 작전을 감행하시오.
출처 : 『임진왜란』 박종화, 달궁

 유의어

엘리트(Elite), 인재, 정예병

축적

지식·경험·자금 따위를 모아서 쌓음. 또는 모아서 쌓은 것.

• 교과서 속 문장

사람들은 상대의 혈액형에 부합한다고 생각하는 성격이나 행동만을 의
도적으로 수집하고 또 그것들을 **축적**하여, 혈액형이 성격과 관련 있다
고 믿는다.

출처 : 『관계의 심리학』, 이철우, 중1-1 국어

일반 예문

공부를 잘하는 친구는 오랜 시간 동안 축적된 자신만의 공부 노하우가 있을 것이다.

한자어 풀이

모을 축(蓄) / 쌓을 적(積)

유의어

적축, 적저, 적립, 집적

☐ _____
☐ _____
☐ _____

매복

**상대편의 상황을 살피거나 불시에 공격하려고
일정한 곳에 몰래 숨어 있는 것.**

• 교과서 속 문장

조정에서는 길동이 잡혀 온다는 말을 듣고 총을 잘 쏘는 군사 수백 명을
남대문 부근에 **매복**시켜 놓았다.

출처 : 『홍길동전』, 허균, 중1-1, 2-1 국어

 다른 작품 속 예문

혹시 그자가 읍내에 숨어 있을지도 모르니 읍내도 빙 둘러 매복을 시킵시다.
출처 : 『녹두장군』, 송기숙, 시대의창

 유의어

잠복

☐ \
☐ \
☐

우회

곧바로 가지 않고 멀리 돌아서 감.

• 교과서 속 문장

그는 차도로 **우회**한 후 다시 인도로 올라와 가던 길을 계속 갈 수 있었다.

출처 : 『생명이 있는 것은 다 아름답다』 최재천, 중2-1 국어(효형출판)

한자어 풀이

에돌 우(迂) / 돌 회(廻)

같은 말 다른 뜻

우회(右回) : 오른쪽으로 돎.

반의어

직진 : 곧게 나아감.

증식

생물이나 조직 세포 따위가 세포 분열을 하여 그 수를 늘려 감.

· 교과서 속 문장

야간 조명이 세포의 **증식**과 사멸을 조절하는 멜라토닌 분비를 방해해
서 암과 연관 있는 유전 변이를 일으킨다는 것이다.

출처 : 『고릴라는 핸드폰을 미워해』 박경화, 중3-2 국어

 더하기 상식

멜라토닌(Melatonin)이란 활성산소를 제거하여 항산화 역할을 주로 하고, 사람을 비
롯한 척추동물의 활동일 주기를 조절해주는 호르몬이다. 졸음을 유발하여 숙면을 취
하게 하기에 이 때문에 수면 보조제로 사용되기도 한다.

 한자어 풀이

더할 증(增) / 불릴 식(殖)

 함께 알면 좋은 어휘

변이(變異) : 같은 종에서 성별, 나이와
관계없이 모양과 성질이 다른 개체가 존
재하는 현상.

빈사지경

거의 죽게 된 처지나 형편.

• 교과서 속 문장

가까이 와 보니 과연 나의 짐작대로 우리 수탉이 피를 흘리고 거의 **빈사지경**에 이르렀다.

출처 : 『동백꽃』 김유정, 중1-2, 2-1 국어

 일반 예문

지방정부는 코로나로 빈사지경에 이른 여행업체에 긴급 지원을 하기로 결정했다.

 한자어 풀이

임박할 빈(瀕) / 죽을 사(死) / 땅 지(地) / 지경 경(境)

☐
☐
☐

생리 반응

생물체 내에서 일어나는 물질대사나 화학적 반응.
순환·호흡·배설·생식 등의 일.

- **교과서 속 문장**

  밤에 일어나야 할 **생리 반응**이 제대로 이루어지지 않아 생체 대사 균형
  이 깨진다.

  출처 : 『고릴라는 핸드폰을 미워해』 박경화, 중3-2 국어

같은 말 다른 뜻

생리 : 성숙한 여성의 자궁에서 주기적으로 출혈하는 생리 현상.

한자어 풀이

날 생(生) / 다스릴 리(理)

치가 떨리다

참지 못할 만큼 몹시 분하거나 지긋지긋하여 화가 나다.

- **교과서 속 문장**

  닭도 닭이려니와 그러함에도 불구하고 눈 하나 깜짝 없이 고대로 앉아서
  호드기(버드나무 껍질로 만든 피리)만 부는 그 꼴에 더욱 **치가 떨린다**.

  출처 : 『동백꽃』 김유정, 중1-2, 2-1 국어

 같은 말 다른 뜻

- 치(齒)① : 음식물을 씹을 때 사용되는 '이(치아)'를 말함.
- 치② : 길이의 단위로 한 치는 한 자의 10분의 1, 약 3.03센티미터.
- 치③ : 사람을 낮잡아 이르는 말.

 다른 작품 속 예문

장군은 적에 대한 증오감이 뼛골 속속들이 스며들어 그대로 치가 떨리는 것이었다.
출처 : 『임진왜란』 박종화, 달궁

□ _____
□ _____
□ _____

압송

피고인이나 죄인을 어느 한 곳에서 다른 곳으로 호송하는 일.

• 교과서 속 문장

단 **압송**하는 군사들은 부모와 처자가 없는 자로 가려서 하시기 바랍니다.

출처 : 『홍길동전』 허균, 중1-1, 2-1 국어

일반 예문

편의점에서 금품을 훔치던 범인들은 모두 현장에서 붙잡혀 관할 경찰서로 압송이 되었다.

출처 : 고려대 한국어대사전

한자어 풀이

수결 압(押) / 보낼 송(送)

☐
☐
☐

궁싯거리다

어찌할 바를 몰라 이리저리 머뭇거리다.

• 교과서 속 문장

팔리지 못한 나뭇군패가 **궁싯거리고들** 있으나 석웃병이나 받고 고깃마
리나 사면 족할 이 축들을 바라고 언제까지든지 버티고 있을 법은 없다.

출처 : 『메밀꽃 필 무렵』, 이효석, 중3-1 국어(다림)

 작품 알기 : 현대소설 『메밀꽃 필 무렵』

1936년 《조광》에 발표된 이효석의 단편소설. 소설의 주 무대는 강원도 평창군 봉
평면 일대이며, 시처럼 서정적인 표현이 다수 사용되었다. 원제는 '모밀꽃 필 무렵'
이나 현행 맞춤법 규정에 따라 '메밀꽃'으로 표기한다.

 유의어

궁싯궁싯하다, 궁싯대다

전폐하다

아주 그만두다. 모두 닫다.

- **교과서 속 문장**

공무를 **전폐한** 채 서울 소식만을 기다리던 중 어명을 전하는 사령이 내려왔다.

출처 : 『홍길동전』 허균, 중1-1, 2-1 국어

 다른 작품 속 예문

전전날부터 일양이가 약 먹듯 한술씩 뜨던 밥도 통 전폐하고 미음만 마신다는….
출처 : 『농민』 이무영

 함께 알면 좋은 어휘

식음 전폐(食飮 全廢) : 먹고 마시는 것을 모두 그만두거나 없애다.

각다귀

각다귓과의 곤충을 모두 합하여 이르는 말. 또는 남의 것을
조르거나 억지로 빼앗아 먹으며 사는 사람을 비유적으로 이름.

• 교과서 속 문장

춤춤스럽게 날아드는 파리떼도 장난군 **각다귀**들도 귀치 않다.

출처 : 『메밀꽃 필 무렵』 이효석, 중3-1 국어

 더하기 상식

각다귀는 애벌레일 때 물속의 유기물을 분해하고 성충이 돼서는 꽃꿀을 빨아서 식
물의 수분을 돕는 익충이다. 하지만 모기와 비슷하게 생긴 데다 훨씬 커서 '왕모기'
라는 오해를 받고 있다.

출처 : 「'왕모기' 오해받는 각다귀도 피 대신 꽃꿀 빨아먹는 '익충'」, 《동아일보》

 일반 예문

수정이는 갑자기 날아온 각다귀를 보고 깜짝 놀랐다.

기박하다

운수나 팔자가 사납고 복이 없다.

• 교과서 속 문장

소자의 팔자가 **기박하여** 천한 몸이 되었으니 품은 한이 깊사옵니다.

출처 : 『홍길동전』 허균, 중1-1, 2-1 국어

다른 작품 속 예문

신세가 기박해서 기생의 몸이 되어…
출처 : 『임진왜란』 박종화, 달궁

유의어

기구하다, 사납다, 세다

짜장

정말로, 과연.

- 교과서 속 문장

  충줏집 문을 들어서서 술좌석에서 **짜장** 동이를 만났을 때에는 어찌 된 서슬엔지 발끈 화가 나버렸다.

  출처 : 『메밀꽃 필 무렵』 이효석, 중3-1 국어

 다른 작품 속 예문

기를 쓰고 가르쳐 본댔자 소 귀에 경 읽기라는 말이 짜장 헛된 이야기만도 아닌 셈이었다.
출처 : 『어느 사학도의 젊은 시절』 박태순

 같은 말 다른 뜻

짜장 : 춘장에 물과 전분을 섞고 고기와 채소 등을 넣어 볶은 양념을 면에 비벼 먹는 음식.

도량

너그럽고 넓은 마음과 깊은 생각.

• 교과서 속 문장

길동이 본래 재주가 뛰어나고 **도량**이 활달한지라, 마음을 가라앉히지 못해 밤이면 잠을 이루지 못하곤 했다.

출처 : 『홍길동전』 허균, 중1-1, 2-1 국어

다른 작품 속 예문

전하께서 도량이 크고 넓으시어… 신을 보내어 난중을 초토케 하시고 이어서 윤음 (임금이 신하나 백성에게 내리는 말)을 내리시니….
출처 : 『대한 제국』 유주현

함께 알면 좋은 속담

도량은 일을 실패하게 하지 않는다 : 도량이 있는 사람은 어떤 일을 해도 실패하지 않는다는 뜻.

속죄

지은 죄를 물건이나 다른 공로 따위로 비겨 없앰.

- **교과서 속 문장**

  그날만 장애인을 걱정하는 것처럼 가장하고 그동안 그러지 못했던 것을 **속죄**하는 척하기만 하면 되는 것처럼 하루를 보낸다.

  출처 : 『생명이 있는 것은 다 아름답다』 최재천, 중2-1 국어

 일반 예문

부모님께 잘못한 일에 속죄하는 심정으로 정성껏 집안 청소를 했다.

 한자어 풀이

속죄할 속(贖) / 허물 죄(罪)

 유의어

속량, 죄멸

☐ _____
☐ _____
☐ _____

방자하다

무례하고 건방지다.

• 교과서 속 문장

공이 듣고 나자 비록 불쌍하다는 생각은 들었으나 그 마음을 위로하면 마음이 **방자해질까** 염려되어, 크게 꾸짖어 말했다.

출처 : 『홍길동전』 허균, 중1-1, 2-1 국어

 다른 작품 속 예문

자네가 날 초대면하여 관우의 딸이라고 말했을 때까지도 내 속으로 적잖이 의아하고 또한 방자하다 여겼거늘….
출처 : 『객주』 김주영, 문학동네

 한자어 풀이

놓을 방(放) / 방자할 자(恣)

☐ _____
☐ _____
☐ _____

요긴하다

꼭 필요하고 중요하다.

• **교과서 속 문장**

달력은 아주 **요긴하게** 쓰였다.

출처 : 『지리 시간에 철학하기』 안광복, 중3-1 국어(웅진주니어)

일반 예문

나에게 필요 없는 물건도 누군가에게는 요긴하게 쓰일 수 있다.

한자어 풀이

요긴할 요(要) / 긴할 긴(緊)

유의어

필요하다, 중요하다, 긴요하다

증산

식물체 안의 수분이 수증기가 되어 공기 중으로 나옴.
또는 그런 현상.

- 교과서 속 문장

  겨울에 온도가 5℃ 이하로 내려가면 나무는 광합성과 **증산** 같은 생리작
  용을 거의 하지 않는다.

  출처 : 『고릴라는 핸드폰을 미워해』 박경화, 중3-2 국어(북센스)

 함께 알면 좋은 어휘

기공(氣孔) : 식물의 잎이나 줄기의 겉껍질에 있는, 숨쉬기와 증산작용을 하는 구멍.
잎의 뒤쪽에 많으며, 빛과 습도에 따라 여닫게 되어 있다.

 한자어 풀이

찔 증(蒸) / 흩을 산(散)

 유의어

발산, 증발, 발산작용, 증산작용

장돌뱅이

장돌림(여러 장을 돌아다니면서 물건을 파는 장수)을 낮잡아 이르는 말.

- 교과서 속 문장

  장돌뱅이 망신만 시키고 돌아다니누나.

  출처 : 『메밀꽃 필 무렵』 이효석, 중3-1 국어

 더하기 상식

장돌뱅이는 보부상을 이르는 또 하나의 명칭이다. 보부상은 부보상이라 부르기도 하는데, 등짐장수인 부상(負商)과 봇짐장수인 보상(褓商)을 함께 일컫는 말이다.

 다른 작품 속 예문

장꾼들은 거의 마을로 돌아가고 주막은 짐을 거둬 들어선 장돌뱅이들로 붐빈다.
출처 : 『토지』 박경리

조형성

조형 예술의 작품이 지니고 있는 특성.

· 교과서 속 문장

내 그림은 단순히 문자가 지닌 추상적인 형태에 이끌려 **조형성**만을 빌려온 그림들과는 다르다.

출처 : 『학교에서 배웠지만 잘 몰랐던 미술』 이명옥, 중2-2 국어

 함께 알면 좋은 어휘

추상적(抽象的) : 어떤 사물이 직접 경험하거나 지각할 수 있는 일정한 형태와 성질을 갖추고 있지 않은 것.

 한자어 풀이

지을 조(造) / 모양 형(形) / 성품 성(性)

 일반 예문

이 조각은 조형성의 측면에서 높은 평가를 받고 있다.

대거리

상대방에게 언짢은 말과 태도로 맞서서 대듦.
또는 그런 말이나 행동.

· 교과서 속 문장

한마디도 **대거리**하지 않고 하염없이 나가는 꼴을 보려니, 도리어 측은히 여겨졌다.

출처 : 『메밀꽃 필 무렵』 이효석, 중3-1 국어

 다른 작품 속 예문

나는 그 자리에서 여봐란듯이 대가리를 따서 입 속에 넣고 자근자근 씹으며 대가리에 영양분이 더 많은 것도 모르느냐고 대거리를 했다.
출처 : 『도둑맞은 가난』 박완서

 유의어

대응, 반항, 응수

책망하다

잘못을 꾸짖거나 나무라다.

• 교과서 속 문장

공은 그 말의 뜻을 짐작은 했지만 일부러 **책망하는** 체하며

출처 : 『홍길동전』 허균, 중1-1, 2-1 국어

 함께 알면 좋은 속담

책망은 몰래 하고 칭찬은 알게 하랬다 : 책망할 때는 사람이 없는 곳에서, 칭찬할 때는 사람이 있는 곳에서 하라는 말.

 유의어

꾸중하다, 꾸지람하다, 꾸짖다

2월 28일

입에 풀칠을 하다

겨우 끼니를 이어갈 정도로 근근이 산다는 뜻.

• 교과서 속 문장

빚을 지기 시작하니 재산을 모을 염은 당초에 틀리고 간신히 **입에 풀칠을 하러** 장에서 장으로 돌아다니게 되었다.

출처 : 『메밀꽃 필 무렵』 이효석, 중3-1 국어

 함께 알면 좋은 사자성어

호구지책(糊口之策) : 가난한 살림에 겨우 먹고 살아가는 방책.

 일반 예문

삼촌이 받는 월급으로는 입에 풀칠하기도 어렵다.

공맹

중국의 사상가 공자와 맹자를 함께 이르는 말.

- 교과서 속 문장

대장부가 세상에 나서 **공맹**을 본받지 못할 바에야, 차라리 병법이라도 익혀 (…) 큰 공을 세우고 이름을 만대에 빛내는 것이 통쾌한 일이 아니 겠는가.

출처 : 『홍길동전(洪吉童傳)』, 허균, 중1-1, 2-1 국어

 작품 알기 : 고전소설 『홍길동전』

조선 광해군 때의 학자 허균이 쓴 우리나라 최초의 한글소설. 부패한 사회를 개혁 해 새로운 세상을 이루고자 했던 허균의 혁명적 사상이 고스란히 드러나 있는 이 작 품은 당시 사회의 모순을 비판한 최초의 사회소설이라는 점에서 큰 의의를 지닌다.

 다른 작품 속 예문

공맹(孔孟)이나 노장(老莊)이 성인이라면 우리 석존(釋尊) 또한 성인이시오.
출처 : 『황제를 위하여』, 이문열, 알에이치코리아

3월

11월

- [ ] _____
- [ ] _____
- [ ] _____

□
□
□

귀에 못이 박히다

같은 말을 지나치게 여러 번 듣게 됨.

• 교과서 속 문장

조선달은 친구가 된 이래 **귀에 못이 박히도록** 들어왔다.

출처 : 『메밀꽃 필 무렵』 이효석, 중3-1 국어

 함께 알면 좋은 표현

· 귀가 얇다 : 남의 말을 쉽게 받아들인다는 뜻. 팔랑귀인 사람에게 주로 쓰는 말.
· 귀가 따갑다 : 듣기 싫을 정도로 여러 번 듣는다.
· 귀를 기울이다 : 상대방의 이야기에 관심을 갖고 주의하다.

 다른 작품 속 예문

그의 아내로부터 귀에 못이 박이게(또는 박히게, 둘 다 어떤 행위가 자주 일어나 발생된 결과를 의미) 주입된 선입관이 있는지라…
출처 : 『그 여자네 집』 박완서

☐
☐
☐

벌이다

여러 가지 물건을 늘어놓다.

- **교과서 속 문장**

  이에 통인이 도장을 찍으니 그 소리가 마치 엄고 소리와 같고, 찍어 놓은 모양이 별들이 **벌여** 있는 것 같았다.

  출처 : 『양반전』, 박지원, 중2 국어

함께 알면 좋은 속담

벌여놓은 굿판 : 어떤 일이 이미 시작되어 중간에 멈출 수 없음을 비유적으로 이르는 말.

유의어

나열하다, 늘어놓다

3월 2일

아둑시니

눈이 어두워서 사물을 제대로 분간하지 못하는 사람.
또는 어둠의 귀신을 뜻하는 방언.

- 교과서 속 문장

오랫동안 **아둑시니**같이 눈이 어둡던 허생원도 요번만은 동이의 왼손잡
이가 눈에 띄지 않을 수 없었다.

출처 : 『메밀꽃 필 무렵』 이효석, 중3-1 국어

더하기 상식

아둑시니는 '어둑시니'라고도 불리는데, 여기서 '어둑'은 '어둡다'는 의미이고 '시니'
는 신위(神位)에서 비롯된 '귀신'을 뜻하는 단어이다. 또한 아둑시니는 장님을 이르
는 말이기도 하다.

일반 예문

아둑시니는 관심을 받으면 점점 커지고, 관심을 받지 못하면 점점 작아진다.

☐ _____
☐ _____
☐ _____

증서

어떤 사실·권리·의무 등을 증명하는 문서.

• **교과서 속 문장**

내가 너와 약속을 해서 고을 사람들을 증인을 삼고 **증서**를 만들 것이니
마땅히 거기에 서명할 것이다.

출처 : 『양반전』 박지원, 중2 국어

 다른 작품 속 예문

한영은 새로 채용 증서를 쓰고 인감도장을 찍은 후 인감 증명서를 거기 첨부했다.
출처 : 『신들의 주사위』 황순원, 문학과지성사

 한자어 풀이

증서 증(證) / 글 서(書)

절기

태양의 움직임에 따라 1년을 24개의 기준으로 나눈 것.
이는 계절의 표준이 된다.

- **교과서 속 문장**

  그러나 달력에 적힌 **절기**를 놓쳤다가는 그동안의 농사가 헛일로 돌아
  갈 터였다.

  출처 : 『지리 시간에 철학하기』, 안광복, 중3-1 국어

 더하기 상식

24절기(사계가 뚜렷하고 농경문화가 발달한 동아시아에서 널리 쓰이던 개념) :
봄 - 입춘·우수·경칩·춘분·청명·곡우 ｜ 여름 - 입하·소만·망종·하지·소서·대서
가을 - 입추·처서·백로·추분·한로·상강 ｜ 겨울 - 입동·소설·대설·동지·소한·대한

 한자어 풀이

마디 절(節) / 기운 기(氣)

 일반 예문

동지는 24절기 가운데 22번째 절기
로, 1년 중 밤의 길이가 가장 길다.

사칭

이름·나이·직업 등을 거짓으로 속여 말함.

• 교과서 속 문장

소인이 이제 다시 어떻게 전의 양반을 **사칭**해서 양반 행세를 하겠습니까?

출처 : 『양반전』 박지원, 중2 국어

다른 작품 속 예문

동학의 접주를 사칭하거나 동도 대장 전봉준의 이름만 팔면 얼마든지 장정들을 규합할 수 있는 판국이었다.
출처 : 『대한 제국』 유주현

함께 알면 좋은 어휘

· 사기(詐欺) : 이익을 취하려 남을 꾀어 속임.
· 속임수 : 남을 속이는 그런 짓 또는 술수.

☐
☐
☐

닦달하다

남을 단단히 윽박질러서 혼을 내다.

- **교과서 속 문장**

  더욱더 많은 재료가 필요해진 공업은 자연을 **닦달하여** 필요한 것을 마구 빼앗아 내기 시작했다.

  출처 : 『지리 시간에 철학하기』, 안광복, 중3-1 국어

 더하기 상식

'닦달하다'라는 표현은 무조건 부정적으로만 쓰이지는 않는다. '물건을 손질하고 매만지다' 또는 '음식에 쓸 재료를 요리하기 좋게 다듬다'라는 의미도 갖고 있다.

 일반 예문

엄마가 숙제부터 하라고 닦달하셨다.

 유의어

나무라다, 시달구다

□
□
□

대비

회화(繪畵, 조형미술)에서 어떤 요소의 특질을 강조하기 위하여 그와 상반되는 형태·색채·톤(tone)을 나란히 배치하는 일.

- 교과서 속 문장

  선명한 아크릴 물감, 거칠고 매끈한 붓질의 **대비**가 다이빙할 때의 '풍덩' 소리와 물보라를 강조하고 있지요.

  출처 『학교에서 배웠지만 잘 몰랐던 미술』 이명옥, 중2-2 국어(시공아트)

 같은 말 다른 뜻

대비(對備) : 앞으로 일어날지도 모르는 어떠한 일에 대응하기 위하여 미리 준비함. 또는 그런 준비.

 한자어 풀이

대할 대(對) / 견줄 비(比)

 유의어

대조, 비교, 비준

해깝다

'가볍다'의 경북 방언.

• 교과서 속 문장

걸음도 **해깝고** 방울 소리가 밤 벌판에 한층 청청하게 울렸다.

출처 : 『메밀꽃 필 무렵』 이효석, 중3-1 국어

다른 작품 속 예문

산책하며 들려오는 피아노 소리와 대화를 한다. 맑은소리가 삶을 영위하듯 얽어가는 맛에 꽂힌다. (…) 나 홀로 산책을 마치고 해깝게 집으로 돌아온다.
출처 : 『황혼 피아니스트 마음 담다』 김숙영, 주디자인

함께 알면 좋은 표현

· 가깝다 : 두 지점 사이의 거리가 짧다.
· 고깝다 : 야속하고 섭섭하여 마음이 언짢다.
· 아깝다 : 어떤 대상의 가치 때문에 내놓거나 버리기가 싫다.

자화상

스스로 그린 본인의 초상화.

- 교과서 속 문장

  고흐가 **자화상**을 그리기 시작한 것은 모델을 구하기 어려워서였다.

  출처 : 『명화는 이렇게 속삭인다』 이주헌, 중3-1 국어

함께 알면 좋은 어휘

초상화(肖像畫) : 사람의 얼굴을 중심으로 그린 그림.

한자어 풀이

스스로 자(自) / 그림 화(畫) / 모양 상(像)

☐
☐
☐

모주

재강(술을 거르고 남은 찌꺼기)에 물을 타서 뿌옇게 걸러낸 막걸리.

• 교과서 속 문장

칼칼한 목에 **모주** 한 잔도 적실 수 있거니와 그보다도 앓는 이에게 설렁탕 한 그릇도 사다 줄 수 있음이다.

출처 : 『운수 좋은 날』 현진건, 중2-2 국어

 작품 알기 : 현대소설 『운수 좋은 날』

1924년 6월 《개벽》에 발표된 현진건의 사실주의 단편소설. 일제강점기 시절 인력거꾼의 생활을 그려낸 작품으로, 운수 좋은 날에 아내의 죽음을 맞이하는 아이러니를 통해 우리 민족의 비참한 현실을 고발하고 있다.

 같은 말 다른 뜻

· 모주(母主)① : 타인의 어머니를 높여 이름.
· 모주(謀主)② : 일을 꾀하는 사람.

☐
☐
☐

자청

스스로 청하여 어떤 일에 나섬.

• **교과서 속 문장**

소인이 감히 욕됨을 **자청**하는 것이 아니오라, 이미 제 양반을 팔아서 관
곡을 갚았지요.

출처 : 『양반전』 박지원, 중2 국어

일반 예문

예준이 자청을 해서 이 일을 떠맡자 모두가 크게 놀랐다.

한자어 풀이

스스로 자(自) / 청할 청(請)

☐
☐
☐

달포

한 달이 좀 더 되는 기간.

• 교과서 속 문장

그의 아내가 기침으로 쿨룩거리기는 벌써 **달포**가 넘었다.

출처 : 『운수 좋은 날』 현진건, 중2-2 국어

다른 작품 속 예문

인제 달포를 지난 아이는… 얼굴에는 젖살이 포동포동 몰렸다.
출처 : 『고향』 이기영

함께 알면 좋은 어휘

해포 : 한 해가 조금 넘는 기간으로, 꽤 오랜 기간을 뜻함.

환자

조선시대, 사창(社倉)에 저장한 곡식을 봄에 백성들에게 꾸어주고 가을에 이자를 붙여 거두던 일. 또는 그 곡식.

- **교과서 속 문장**

부자는 즉시 곡식을 관가에 실어 가서 양반의 **환자**를 갚았다.

출처 : 『양반전』 박지원, 중2 국어

일반 예문

무너지거나 떠내려간 집은 속히 집을 지어서 머물러 있을 곳을 정해 주고, 가난하고 고독한 집에 대해서는 신구(新舊) 환자를 징수하지 말며….

출처 : 『번역 정조실록』 표준국어대사전

같은 말 다른 뜻

· 환자(患者)① : 병들거나 다쳐서 치료가 필요한 사람.
· 환자(宦者)② : 조선시대에 임금의 시중을 들거나 숙직 등을 맡아보던 사람.

☐
☐
☐

엉거주춤

앉지도 서지도 않고 몸을 반쯤 굽히고 있는 모양.

- **교과서 속 문장**

  언뜻 깨달으니 김 첨지는 인력거 채를 쥔 채 길 한복판에 **엉거주춤** 멈춰 있지 않나.

  출처 : 『운수 좋은 날』 현진건, 중2-2 국어

일반 예문

세 살 조카 희동이가 엉거주춤 서서 신나는 동요에 맞추어 춤을 춘다.

유의어

앙가조촘

승낙

상대가 부탁한 바를 들어줌.

• 교과서 속 문장

양반은 크게 기뻐하며 **승낙**하였다.

출처 : 『양반전』 박지원, 중2 국어

다른 작품 속 예문

덕기는… 소청을 들어주마는 승낙을 받은 것은 아니나, 시원스럽게 사정 이야기라도 한 것이 좋았다.
출처 : 『삼대』 염상섭

반의어

거부, 거절

옹송거리다

'옹송그리다'의 제주 방언으로,
춥거나 두려워 몸을 궁상맞게 몹시 옴츠러들인다는 뜻.

• 교과서 속 문장

온몸이 **옹송그려지며** 당장 그 자리에 엎어져 못 일어날 것 같았다.

출처: 『운수 좋은 날』 현진건, 중2-2 국어

 다른 작품 속 예문

아버지는 돌을 괴어 올려놓은 냄비에 쌀을 일어 붓고 담뱃대를 옹송그려 문 채 어린 아들에게 이런 말을 뇌까렸다.
출처 : 『흑맥』 이문희

 유의어

오므리다, 웅크리다

수모

업신여김을 받음.

• 교과서 속 문장

말도 못 하고, 양반만 보면 굽신굽신 두려워해야 하고, 엉금엉금 기어가서
코를 땅에 대고 무릎으로 기는 등 우리는 늘 이런 **수모**를 받는단 말이다.

출처 : 『양반전』 박지원, 중2 국어

 다른 작품 속 예문

화가 머리끝까지 난 순사가 그 자리에서 태임이의 몸수색을 했고 태임이는 온갖 수
모를 당하면서 연행됐다.
출처 : 『미망』 박완서

 같은 말 다른 뜻

· 수모(首謀)① : 앞장서서 어떤 일을 꾀함.
· 수모(手母)② : 전통 혼례시 신부의 단정이나 기타 일을 옆에서 도와주는 여자.

3월 10일

나태

행동·성격 따위가 느리고 게으름.

• 교과서 속 문장

나무늘보는 영어로 'sloth'인데 이 단어는 본래 **나태**, '게으름'을 뜻한다.

출처 : 『경제학, 인문의 경계를 넘나들다』 오형규, 중3-1 국어(한국문학사)

한자어 풀이

게으를 라(나) (懶) / 게으를 태(怠)

반의어

부지런, 근면, 성실

유의어

게으름, 태만, 태타(怠惰)

☐
☐
☐

역정

몹시 마음에 들지 않고 못마땅하여서 내는 성.

• 교과서 속 문장

양반 역시 밤낮 울기만 한 채 해결할 방법을 찾지 못하였다. 그 부인이
역정을 냈다.

출처 : 『양반전』, 박지원, 중2 국어

 다른 작품 속 예문

거기서 친정아버지는 앞뒤 없이 벌컥 역정까지 내더니, 이내 정인을 한번 훑어보고
는 너무했다는 기분이 드는지 조금 풀어진 목소리로 물었다.
출처 : 『영웅시대』, 이문열, 알에이치코리아

 함께 알면 좋은 속담

시모에게 역정 나서 개 옆구리 찬다 : 엉뚱한 데 가서 화풀이를 하는 경우를 비유적
으로 이르는 말.

공정

공평하고 올바름.

• 교과서 속 문장

공정 여행은 앞서 말한 관광 산업을 비판하면서 시작되었어요.

출처 : 『지리쌤과 함께하는 우리나라 도시 여행』 전국지리교사모임, 중2-1 국어
(폭스코너)

같은 말 다른 뜻

공정(工程) : 일이 진척되는 과정이나 정도. 한 제품이 완성되기까지 거쳐야 하는 하나하나의 작업 단계.

한자어 풀이

공평할 공(公) / 바를 정(正)

반의어

불공정, 편파

덧칠

칠한 데에 겹쳐 칠하는 칠.

- 교과서 속 문장

  캔버스에 유화 물감으로 그리면 손쉽게 **덧칠**하거나 고쳐 그릴 수가 있습니다.

  출처 : 「동양의 그림과 서양의 그림」 전성수, 중1-2 국어

 더하기 상식

스크래치(Scratch) : 크레파스나 유화 물감 따위를 색칠한 위에 다른 색을 덧칠한 다음 송곳, 칼 따위로 긁어서 바탕색이 나타나게 하는 기법.

 한자어 풀이

덧 / 옻 칠(漆)

 유의어

가칠(加漆)

관망하다

한발 물러나 어떤 일이 되어가는 형편이나 분위기를 살펴보다.

- **교과서 속 문장**

  바로 정거장 앞 전차 정류장에서 조금 떨어지게, 사람 다니는 길과 전찻
  길 통에 인력거를 세워 놓고 자기는 그 근처를 빙빙 돌며 형세를 **관망하
  기로** 했다.

  출처 : 『운수 좋은 날』, 현진건, 중2-2 국어

다른 작품 속 예문

이즈음 형세를 관망하고 있던 조준구는 드디어 평사리에서 엉덩이를 들고 서울에
나타났다.
출처 : 『토지』, 박경리

유의어

구경하다, 바라보다, 살펴보다

☐
☐
☐

원근법

일정한 시점에서 본 물체와 공간을 눈으로 보는 것과 같이
멀고 가까움을 느낄 수 있도록 평면 위에 표현하는 방법.

• 교과서 속 문장

서양 미술에서는 **원근법**이나 빛에 따른 대상의 변화와 형태를 파악하
는 방법 등이 발달했습니다.

출처 : 「동양의 그림과 서양의 그림」 전성수, 중1-2 국어

 더하기 상식

투시법(透視法) : 한 점을 시점으로 하여 물체를 원근법에 따라 눈에 비친 그대로 그리
는 기법.

 한자어 풀이

멀 원(遠) / 가까울 근(近) / 법 법(法)

 유의어

원근화법

□ _____
□ _____
□ _____

요행

뜻밖으로 좋은 운수.

· 교과서 속 문장

집의 광경이 자꾸 눈앞에 어른거리며 인제 **요행**을 바랄 여유도 없었다.

출처 : 『운수 좋은 날』, 현진건, 중2-2 국어

다른 작품 속 예문

왼쪽 옆구리에 찔린 자리가 심장과 폐를 피했기 때문에 요행 치명적인 상처는 아니었다.

출처 : 『나무들 비탈에 서다』, 황순원, 문학사상

함께 알면 좋은 어휘

사행심(射倖心) : 요행을 바라는 마음.

관곡

국가나 관청에서 가지고 있는 곡식.

• 교과서 속 문장

강원도 감사가 그 고을을 순시하다가 정선에 들러 **관곡** 장부를 조사하고 크게 노하였다.

출처 : 『양반전』 박지원, 중2 국어

다른 작품 속 예문

관곡을 풀어 가난한 백성들부터 돌보고 곧바로 집강소를 설치하여 일사천리로 폐정을 개혁해 나갔다.
출처 : 『녹두장군』 송기숙, 시대의창

유의어

공곡, 국곡

물색하다

어떤 기준에 알맞은 사람이나 물건·장소 등을 찾아 고르다.

• 교과서 속 문장

그중에서 손님을 **물색하는** 김 첨지의 눈엔 양머리에 뒤축 높은 구두를
신고 망토까지 두른 기생 퇴물인 듯 난봉 여학생인 듯한 여편네의 모양
이 띄었다.

출처 : 『운수 좋은 날』 현진건, 중2-2 국어

 다른 작품 속 예문

망령기가 있는 칠십 노모를 모시고 있는 터라 당초부터 데릴사윗감이나 있는가 하
여 물색하다 보니 그만 혼기를 놓친 것이지요.
출처 : 『객주』 김주영, 문학동네

 유의어

고르다, 구하다, 찾다

10월 18일

□
□
□

사족

선비나 무인(무관의 직에 오른 사람)**의 집안. 또는 그 자손.**

• 교과서 속 문장

양반이란, **사족**들을 높여서 부르는 말이다.

출처 : 『양반전(兩班傳)』, 박지원, 중2 국어

 작품 알기 : 고전소설 『양반전』

조선 정조 때 쓰인 한문소설. 양반들이 가진 무능·허례·특권의 가면을 벗기고 풍자한 작품으로, 『연암외전(燕巖外傳)』에 실려 전해졌다.

 같은 말 다른 뜻

· 사족(四足)① : 네발 가진 짐승. 또는 짐승의 네발.
· 사족(蛇足)② : 뱀을 다 그리고 나서 있지도 않은 발을 덧붙여 그려 넣는다는 뜻으로, 쓸데없는 짓을 하여 일을 그르침을 말함.

선술집

술청(술집에서 술을 따라 놓는 긴 탁자) 앞에 선 채로
간단히 술을 마실 수 있는 술집.

• 교과서 속 문장

마침 길가 **선술집**에서 그의 친구 치삼이가 나온다.

출처 : 『운수 좋은 날』 현진건, 중2-2 국어

 다른 작품 속 예문

이북으로 다니는 밀수선을 터 주던 선술집 주인을, 그는 수태 고지의 천사로 알
았다.
출처 : 『광장』 최인훈, 문학과지성사

 함께 알면 좋은 어휘

목로 : 선술집에서 술잔을 놓기 위하여 쓰는, 널빤지로 좁고 기다랗게 만든 상.

☐
☐
☐

예법

예의로 지켜야 할 규범.

• 교과서 속 문장

사대부들이 모두 몸을 삼가고 **예법**을 지키는 마당에, 누가 제 자식의 머리를 깎고 되놈 옷을 입히겠습니까?

출처 : 『허생전』 박지원, 중3-2 국어

 다른 작품 속 예문

서민들이 신주를 모시지 않아도 국법에 어긋나지 않으며 가난한 선비가 제사를 지내지 않아도 예법에 어긋남이 없습니다.
출처 : 『소설 목민심서』 황인경, 북스타

 유의어

법도, 예, 예문

□
□
□

구레나룻

귀밑에서 턱까지 이어지며 난 수염.

- 교과서 속 문장

  온 턱과 뺨을 시커멓게 **구레나룻**이 덮였거든.

  출처 : 『운수 좋은 날』 현진건, 중2-2 국어

 함께 알면 좋은 속담

뺨 맞는 데 구레나룻이 한 부조 : 뺨을 맞을 때는 평소 무익해 보이던 구레나룻도 아픔을 덜어준다는 뜻으로, 쓸모없는 듯한 물건이 뜻밖의 도움을 주게 됨을 비유적으로 이르는 말.

 일반 예문

그 친구는 어느덧 구레나룻이 거뭇하게 자라기 시작하는 나이가 되고 말았다.

□
□
□

도모하다

어떤 일을 이루기 위하여 대책과 방법을 꾀하다.

· 교과서 속 문장

무릇 천하를 **도모하고자** 한다면 먼저 호걸들과 사귀지 않으면 안 될 것이요.

출처 : 『허생전』, 박지원, 중3-2 국어

 함께 알면 좋은 표현

목숨을 도모하다 : 목숨이 위태로운 상황에서 살 수 있는 길을 찾으려 한다는 뜻.

 유의어

계획하다, 꾀하다, 꾸미다

재화

사람이 바라는 바를 충족시켜 주는 모든 물건.

• 교과서 속 문장

도시는 주변 지역에 **재화**와 용역을 제공하는 중심지 역할을 해요.

출처 : 『지리쌤과 함께하는 우리나라 도시 여행』 전국지리교사모임, 중2-1 국어

 함께 알면 좋은 어휘

경제 : 인간의 생활에 필요한 재화나 용역을 생산·분배·소비하는 모든 활동. 또는 그것을 통하여 이루어지는 사회적 관계.

 한자어 풀이

재물 재(財) / 재물 화(貨)

유의어

재, 재물

☐
☐
☐

망명

혁명 또는 정치적 이유로 자기 나라에서의 박해를 피해
외국으로 몸을 옮김.

• 교과서 속 문장

명나라가 청나라에 망한 뒤에 명나라의 많은 자손들이 우리나라로 **망명**
해 와 떠돌아다니며 살고 있다고 들었소.

출처 : 『허생전』 박지원, 중3-2 국어

다른 작품 속 예문

왕의 자리도 입맛이 떨어지도록 싫었다. 어서어서 모든 것을 다 버리고 목숨 하나만 구
하여 명나라로 망명을 하고 싶었다.
출처 : 『임진왜란』 박종화, 달궁

유의어

망명도주(亡命逃走, 죽을죄를 지은 사람이 몸을 숨겨 멀리 도망함)

용역

물질적 재화의 형태를 취하지 아니하고
생산과 소비에 필요한 육체적 노동을 제공하는 일.

· **교과서 속 문장**

도시는 주변 지역에 재화와 **용역**을 제공하는 중심지 역할을 해요.

출처: 『지리쌤과 함께하는 우리나라 도시 여행』 전국지리교사모임, 중2-1 국어

 일반 예문

우리 학교는 경비와 청소를 전문 업체에 용역을 맡긴다.

 한자어 풀이

쓸 용(用) / 부릴 역(役)

유의어

품

☐ _____
☐ _____
☐ _____

여백

종이 따위에 글씨를 쓰거나 그림을 그리고 남은 빈자리.

· 교과서 속 문장

『그림 1』은 **여백**을 많이 살렸고, 『그림 2』는 배경을 가득 채워 색을 칠했습니다.

출처 : 「동양의 그림과 서양의 그림」 전성수, 중1-2 국어

일반 예문

교과서의 여백에 낙서를 하며 수업 시간을 보내기도 했다.

한자어 풀이

남을 여(餘) / 흰 백(白)

유의어

공백, 빈칸, 공란, 공간, 여유

의아하다

의심스럽고 이상하다.

• 교과서 속 문장

　　치삼은 **의아한 듯** 김 첨지를 보며

　　　　　　　　　　출처 : 『운수 좋은 날』 현진건, 중2-2 국어

다른 작품 속 예문

왜 느닷없이 마음이 진정할 수 없이 흔들리면서 울음이 복받쳤는지 실은 스스로도
의아하고 부끄러워…
출처 : 『미망』 박완서

유의어

수상하다, 의문스럽다, 의심스럽다

고도

수준이나 정도 따위가 매우 높거나 뛰어남. 또는 그런 정도.

• 교과서 속 문장

뇌가 깨어 있는 상태가 되어 **고도**의 집중력이 생긴다.

출처 : 『과학카페1』, KBS <과학카페> 제작팀, 중3-1 국어

같은 말 다른 뜻

고도(高度) : 평균 해수면 따위를 0으로 하여 측정한 대상 물체의 높이. 또는 천체가 지평선이나 수평선과 이루는 각거리(한 정점에서 두 점에 이르는 두 직선이 이루는 각도).

한자어 풀이

높을 고(高) / 법도 도(度)

함께 알면 좋은 어휘

고난도 : 어려움의 정도가 매우 큼. 또는 그런 것.

생때같다

몸이 아무 탈 없이 튼튼하고 멀쩡하다.

- 교과서 속 문장

  생때같이 살아만 있단다.

  출처 : 『운수 좋은 날』 현진건, 중2-2 국어

일반 예문

나이 든 부모님을 모시고 생때같은 자식들을 먹여 살리기 위해 발버둥치는 것이 유일한 삶의 목표이던 시절이다.

유의어

강하다, 귀중하다, 소중하다

□ _____
□ _____
□ _____

계책

어떤 일을 이루기 위한 꾀나 방법.

- **교과서 속 문장**

  차라리 그다음 **계책**을 듣고자 합니다.

  출처 : 『허생전』 박지원, 중3-2 국어

 다른 작품 속 예문

옛 살수라는 것을 떠올렸다. 만약 우중문의 별동대가 겨울에 침공했으면 을지문덕은 어떤 계책을 썼을까. 그러다가 자신의 실없는 생각에 피식 웃었다.
출처 : 『영웅시대』 이문열, 알에이치코리아

 유의어

계략, 꾀, 방략

☐
☐
☐

허장성세

실속은 없으면서 큰소리치거나 허세를 부림.

• **교과서 속 문장**

이 고함이야말로 제 몸을 엄습해오는 무시무시한 증을 쫓아 버리려는 **허장성세**인 까닭이다.

출처 : 『운수 좋은 날』, 현진건, 중2-2 국어

 다른 작품 속 예문

허장성세만 요란스럽던 감영군은 처음부터 그렇게 요란스럽게 설치다가 사라져 버리릴 바람잡이들 같았고 이 군대는 진짜 싸움을 하러 온 군대 같았다.
출처 : 『녹두장군』, 송기숙, 시대의창

 한자어 풀이

빌 허(虛) / 베풀 장(張) / 소리 성(聲) / 형세 세(勢)

삼고초려

인재를 맞아들이기 위해 참을성 있게 노력함을 뜻하는 말.
중국 삼국시대, 유비가 제갈량을 군사 전략가로 삼기 위해
그의 초가집으로 세 번이나 찾아갔다는 데서 유래.

- **교과서 속 문장**

  내가 제갈공명 같은 사람을 추천할 테니 임금께 아뢰어 **삼고초려**하시
  게 할 수 있겠소?

  출처 : 『허생전』 박지원, 중3-2 국어

일반 예문

우리 대학의 학생들을 인재로 키우려면 그 교수님을 삼고초려라도 해서 꼭 모셔 와
야만 합니다.

한자어 풀이

석 삼(三) / 돌아볼 고(顧) / 풀 초(草) / 오두막집 려(廬)

3월 22일

시진하다

기운이 다해 없어지다.

· 교과서 속 문장

울다가 울다가 목도 잠겼고 또 울 기운조차 **시진한** 것 같다.

출처 : 『운수 좋은 날』 현진건, 중2-2 국어

같은 말 다른 뜻

· 시진(市塵)① : 거리의 티끌과 먼지.
· 시진(時辰)② : 시간이나 시각.
· 시진(視診)③ : 육안으로 이목구비 등 외부의 변화를 살펴보고 병상을 진단하는 일.

유의어

소진하다, 쇠진하다, 휘지다

초야

풀이 난 들판이라는 뜻으로, 후미지고 으슥한 시골을 이르는 말.

• 교과서 속 문장

변 부자는 허생 같은 선비가 **초야**에 묻혀 있는 것이 안타까웠다.

출처 : 『허생전』 박지원, 중3-2 국어

같은 말 다른 뜻

· 초야(初夜) ① : 하룻밤을 나눈 오경 중 첫째 부분으로 저녁 일곱 시에서 아홉 시 사이.
· 초야(初也) ② : 맨 처음.

다른 작품 속 예문

초야 사민이라도 충군 애국하는 마음으로 폭발하는 강개를 이기지 못해 의병을 규합해서 침략한 일병과 접전을 벌인 것은 당연하다.
출처 : 『대한 제국』 유주현

안간힘

어떤 일을 이루기 위해 몹시 애쓰는 힘.

- 교과서 속 문장

  노새는 그럴 때마다 뒷다리를 바득바득 바둥거리며 **안간힘**을 쓰는 듯 했으나 그쯤 되면 마차가 슬슬 아래쪽으로 미끄러져 내려가기는 할망 정 조금씩이라도 올라가는 일은 드물었다.

  출처: 『노새 두 마리』, 최일남, 중3 국어

 작품 알기 : 현대소설 『노새 두 마리』

1970년대 어느 겨울, 도시 변두리 동네를 배경으로 하는 단편소설. 시대 변화에 적 응하지 못한 가난한 사람들의 힘겨운 삶을 그리고 있으며, 아버지를 '노새'에 비유 하여 그의 고단하고 힘든 삶을 효과적으로 보여주고 있다.

 일반 예문

그는 가난한 아이들이 무상으로 교육을 받도록 하기 위해 안간힘을 썼다.

천정부지

천장을 알지 못한다는 뜻으로, 물가 등이 끝없이
오르기만 함을 이르는 말.

• 교과서 속 문장

그렇게 되면 값이 **천정부지**로 뛰는 게지.

출처 : 『허생전』 박지원, 중3-2 국어

일반 예문

경기가 어려워지면서 월급은 제자리인 반면, 생필품의 물가는 천정부지로 뛰는 중
이다.

한자어 풀이

하늘 천(天) / 우물 정(井) / 아닐 부(不) / 알 지(知)

☐
☐
☐

쇠퇴

기세나 상태가 쇠하여 전보다 못하여 감.

• 교과서 속 문장

도시는 마치 생물 같아서 태어나고 자라고 **쇠퇴**하다 죽기도 해요.

출처 : 『지리쌤과 함께하는 우리나라 도시 여행』 전국지리교사모임, 중2-1 국어

 한자어 풀이

쇠할 쇠(衰) / 물러날 퇴(退) 또는 무너질 퇴(頹)

 반의어

진보 : 정도나 수준이 나아지거나 높아짐.

 유의어

쇠락, 침몰, 감퇴, 소침

☐
☐
☐

그러모으다

흩어져 있는 사람이나 사물 등을 거두어 모으다.

• 교과서 속 문장

마치 그물로 한꺼번에 **그러모으듯이** 나라 안의 물건을 몽땅 사들일 수
있단 말이오.

출처 : 『허생전』 박지원, 중3-2 국어

 다른 작품 속 예문

처음에는 혼성 여단이라 해서 여러 사단의 일부 병력만 그러모아 보냈는데 청국과
의 전투가 본격화해지자 5사단의 전 병력을 급거 파견했다.
출처 : 『대한 제국』 유주현

 함께 알면 좋은 어휘

긁어모으다 : 물건을 긁어서 한데 모으다.

공동체

생활이나 행동 또는 목적 따위를 같이하는 집단.

• 교과서 속 문장

공동체와 지역 주민이 중심이 되는 도시 재생, 그 현장을 목격하는 것 역시 이 책의 중요한 목표입니다.

출처 : 『지리쌤과 함께하는 우리나라 도시 여행』 전국지리교사모임, 중2-1 국어

일반 예문

체육대회는 학생들에게 공동체 의식을 심어줄 수 있는 좋은 기회이다.

한자어 풀이

한가지 공(共) / 한가지 동(同) / 몸 체(體)

유의어

집단, 사회, 커뮤니티(Community)

퇴치

물리쳐서 아주 없애버림.

• 교과서 속 문장

올여름에는 어떠한 방법으로 모기를 **퇴치**해 볼까.

출처 : 『맛있고 간편한 과학 도시락』 김정훈, 중1-1 국어

 더하기 상식

모기는 1미터 이내만 볼 수 있는 근시에 색맹이지만 20미터까지의 냄새를 맡기 때문에 땀 냄새를 많이 풍기거나 열이 많이 나는 사람 또는 신진대사가 활발한 성장기 아이들이 물릴 확률이 더 높다. 또한 어두운 색을 선호하기 때문에 밝은 색 옷을 입으면 모기를 피하는 데 도움이 된다.

 한자어 풀이

물러날 퇴(退) / 다스릴 치(治)

 일반 예문

일제식민지 하에서 이루어진 문맹퇴치 운동은 애국계몽운동과 뜻을 같이한다.

☐
☐
☐

주춤거리다

어떤 행동이나 걸음 등을 망설이며 자꾸 머뭇거리다.

• 교과서 속 문장

이 작전이 매번 성공하는 것은 아니고, 더러는 마차가 언덕의 중간쯤에
더 올라가지를 못하고 **주춤거릴** 때도 있었다.

출처 : 『노새 두 마리』, 최일남, 중3 국어

 다른 작품 속 예문

피폐한 몰골로 갈 길마저 잃어버린 듯이 발걸음을 주춤거리고 있는 셈이었다.
출처 : 『짐승의 시간』, 김원우

 유의어

머뭇거리다, 멈칫거리다, 서슴다

대역

어떤 폭으로써 정해진 범위.

• 교과서 속 문장

수컷 모기가 내는 소리 **대역**과 같은 초음파를 이용하면 피를 빨아 먹으려는 암컷 모기의 공격을 피할 수 있다.

출처 : 『맛있고 간편한 과학 도시락』 김정훈, 중1-1 국어

 같은 말 다른 뜻

대역(代役) : 배우가 맡은 역할을 사정상 할 수 없을 때에 다른 사람이 그 역할을 대신 맡아 하는 일. 또는 그 사람.

 한자어 풀이

띠 대(帶) / 지경 역(域)

 더하기 상식

대역 전환기 : 한 대역에서 다른 대역으로 주파수를 바꾸어 흐르게 하는 장치.

□
□
□

등속

나열한 것과 같은 종류의 것들을 몰아 이르는 말.

- **교과서 속 문장**

  2층 슬래브 집들에 가려 닥지닥지 붙은 판잣집 **등속**이 보이지 않았으므로 서울의 변두리에 흔한 어느 신흥 부락으로만 보였다.

  출처 : 『노새 두 마리』 최일남, 중3 국어

다른 작품 속 예문

정하섭은 더 물을 말이 없었다. 치료는 어떻게 하느냐, 차도는 있느냐 하는 **등속**의 말이 없는 것은 아니었지만 가족이 아닌 입장에서는 필요한 물음이 아니었던 것이다.
출처 : 『태백산맥』 조정래, 해냄

같은 말 다른 뜻

등속(等速) : 물체의 속력과 이동 방향이 일정한 경우.

10월 5일

의탁하다

어떤 것에 몸이나 마음을 의지하여 맡기다.

• 교과서 속 문장

정 그렇다면 내가 이제부터 그대에게 **의탁하고** 밥을 먹겠으니, 자주 와
서 나를 좀 돌봐 주시오.

출처 : 『허생전』 박지원, 중3-2 국어

다른 작품 속 예문

자기 앞 공출량도 제대로 못 감당해 나가는 소작인들한테 식량을 **의탁**할 수는 없는
것이었다.
출처 : 『카인의 후예』 황순원

유의어

기대다, 맡기다, 의존하다, 의지하다

조석

아침과 저녁을 함께 이르는 말.

• 교과서 속 문장

그전에는 볼 수 없었던 우유 배달부가 아침마다 골목을 드나들고, 신문 배달부들이 **조석**으로 골목 안을 누비고 다녔다.

출처 : 『노새 두 마리』, 최일남, 중3 국어

같은 말 다른 뜻

· 조석(潮汐)① : 밀물과 썰물을 함께 이르는 말.
· 조석(釣石)② : 낚싯돌. 낚시를 할 때 앉는 자리로 쓰는 돌.
· 조석(彫石)③ : 조각품이 새겨져 있는 돌.

함께 알면 좋은 속담

조석은 굶고도 이는 쑤신다 : 굶고도 먹은 체하며 허세를 부리는 태도를 비꼬는 말.

☐
☐
☐

기름지다

영양 상태가 좋아서 윤기가 있다.

• 교과서 속 문장

기름진 땅에 논밭을 일구고 씨를 뿌리니 온갖 곡식이 잘 자라서 김을 매지 않아도 한 줄기에 열매가 아홉 이삭씩 달렸다.

출처 : 『허생전』 박지원, 중3-2 국어

 다른 작품 속 예문

보리밥과 굳은 채소에 젖은 총각의 위에는, 국왕으로서의 수라는 너무 기름져서 잘 소화가 되지를 않았다.
출처 : 『운현궁의 봄』 김동인

 유의어

걸다, 고옥하다, 고유하다

☐
☐
☐

내색

마음속에 느낀 것을 얼굴에 드러냄. 또는 그 낯빛.

- **교과서 속 문장**

  아버지도 배달 일이 늘어나서 속으로는 새 동네가 생긴 것을 은근히 싫어하지는 않는 눈치였지만 식구들 앞에서조차 맞대놓고 그런 **내색**을 하지는 않았다.

  출처 : 『노새 두 마리』 최일남, 중3 국어

일반 예문

동생은 아닌 척하면서도 어쩐지 싫은 내색을 감추지 못하는 눈치였다.

유의어

기색, 낯꽃, 낯빛

노략질

**떼를 지어 돌아다니며 사람을 해치거나
재물을 강제로 빼앗는 짓.**

• 교과서 속 문장

너희들 천 명이 천 냥을 **노략질**해서 나누어 가진다면 한 사람 앞에 얼마
씩 돌아가겠느냐?

출처 : 『허생전』 박지원, 중3-2 국어

다른 작품 속 예문

해적이 삼삼오오로 떼를 지어 포구 근방 촌가로 돌아다니며 노략질을 낭자히 하는
모양이라 봉학이가 군사를 급히 몰고 쫓아가서 각 촌을 뒤지기 시작하였다.
출처 : 『임꺽정』 홍명희, 사계절

유의어

분탕질

☐
☐
☐

노새

수나귀와 암말 사이에서 난 잡종으로 크기는 말보다 약간 작다.
힘이 세고 몸이 튼튼하여 무거운 짐을 나를 수 있는 동물.

- 교과서 속 문장

  말과 **노새**의 구별도 잘 못하는 주제에, 아무 데서나 가래침을 퉤퉤 뱉는
  주제에 우리 **노새**를 보고 눈을 찢어지게 흘겼다.

  출처 : 『노새 두 마리』 최일남, 중3 국어

다른 작품 속 예문

벼슬아치들이 타고 달아날 말이며 노새들도 쭉 늘어 세워졌다.
출처 : 『임진왜란』 박종화, 달궁

함께 알면 좋은 속담

진사 노새 보듯 : 무엇인가 유심히 들여다보는 모습을 비유적으로 이르는 말.

산채

산에 돌이나 목책 따위를 둘러 만든 진터(진지로 삼은 곳)나
산적들의 소굴을 이르는 말.

• 교과서 속 문장

허생은 변산으로 가서 도둑 떼의 **산채**를 찾았다.

출처 : 『허생전』 박지원, 중3-2 국어

 다른 작품 속 예문

두 아버지가 다 말리는 것을 한사코 우겨서 작년에 산채에 들어갔는데, 일 년 남짓
지내보니 산채 졸개들하고 친형제보다 가깝게 한 몸이 되어 버렸다.
출처 : 『녹두장군』, 송기숙, 시대의창

 함께 알면 좋은 어휘

산채(山菜) : 산에서 나는 나물.

동등

등급이나 정도가 같음. 또는 그런 등급이나 정도.

• 교과서 속 문장

로봇은 인간과 **동등**한 존재인가요?

출처 : 『중학생 토론학교 과학과 기술』 한기호, 중1-1 국어(우리학교)

일반 예문

최근 들어 남녀가 동등하게 대우받는 작업 현장이 늘어나는 추세다.

한자어 풀이

한가지 동(同) / 무리 등(等)

유의어

균등, 대등, 동급

망건

상투를 튼 사람의 머리카락이 흘러내리지 않도록
머리에 두르는 그물처럼 생긴 물건.

• 교과서 속 문장

말총은 갓과 **망건**을 만드는 재료였다.

출처 : 『허생전』 박지원, 중3-2 국어

함께 알면 좋은 속담

망건 쓰고 세수한다 : 망건은 당연히 세수를 한 후에 써야 하므로, 이는 일의 순서가
바뀌었음을 비유적으로 이르는 표현.

다른 작품 속 예문

안승학은 모친의 상중이라 북포 망건에 방립을 쓰고 다녔다.
출처 : 『고향』 이기영

4월

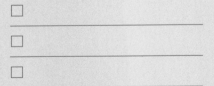

10월

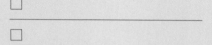

☐
☐
☐

권리

어떤 일을 행하거나 타인에 대하여
당연히 요구할 수 있는 힘이나 자격. 또는 권세와 이익.

• 교과서 속 문장

권리는 겉모습에서 나오는 것이 아니기 때문입니다.

출처 : 『중학생 토론학교 과학과 기술』 한기호, 중1-1 국어

함께 알면 좋은 어휘

사회권 : 국민이 인간다운 생활을 누리기 위하여 필요한 사회적 보장책을 국가에
요구할 수 있는 권리.

한자어 풀이

저울추 권(權) / 이로울 리(利)

유의어

권한, 권익, 자격

박멸하다

모조리 잡아 없애다.

· 교과서 속 문장

가장 좋은 모기 퇴치법은 애벌레 시기에 **박멸하는** 것이다.

출처 : 『맛있고 간편한 과학 도시락』 김정훈, 중1-1 국어

일반 예문

육류는 섭씨 77도 이상에서 익혀야 식품 내의 세균을 완전히 박멸할 수 있다.

한자어 풀이

칠 박(搏) / 멸할 멸(滅)

유의어

없애다, 살멸하다, 구제(驅除)하다

데면데면하다

사람을 대하는 태도가 친밀감 없이 덤덤하다.

· 교과서 속 문장

그런 아이들이었으므로 나는 평소에 **데면데면하게** 대했는데 이들이 우리 노새를 보고 놀라거나 칭찬할 때만은 어쩐지 그들이 좋았다.

출처 : 『노새 두 마리』 최일남, 중3 국어

 일반 예문

두 사람은 전에 여러 번 마주친 적이 있었으나 처음 본 사이처럼 데면데면하게 굴었다.

 유의어

무뚝뚝하다, 범연하다, 소홀하다

개체

하나의 독립된 생물체.
전체나 집단에 상대하여 하나하나의 낱개를 이르는 말.

• 교과서 속 문장

모기는 젖은 바닥 정도의 물 깊이만 되면 알을 낳는다. 또한 **개체**의 순환 주기가 매우 빠르다.

출처 : 『맛있고 간편한 과학 도시락』 김정훈, 중1-1 국어(은행나무)

 더하기 상식

모기 수컷은 식물의 즙액이나 과즙을 빨고, 사람의 피를 빠는 것은 암컷에 한정돼 있다. 흡혈을 하고 4~7일 만에 알을 낳으며, 알은 약 3일 만에 부화되어 유충이 된다. 모기는 완전탈바꿈 곤충으로 알-애벌레-번데기-어른벌레의 한살이를 거친다.

 한자어 풀이

낱 개(個) / 몸 체(體)

 유의어

개개, 낱낱

□
□
□

어귀

드나드는 길목의 첫머리.

· 교과서 속 문장

그 가파른 골목길 **어귀**에 이르자 아버지는 미리 노새 고삐를 낚아 잡고 한달음에 올라갈 채비를 하였다.

출처 : 『노새 두 마리』 최일남, 중3 국어

다른 작품 속 예문

병원이 있는 골목 어귀에는 아까 버린 국화꽃 다발이 그대로 나동그라져 있었다.
출처 : 『오만과 몽상』 박완서

유의어

길목, 동구, 들머리

중언부언

이미 한 말을 자꾸 되풀이함.

• 교과서 속 문장

약속은 꼭 지키겠다느니 어쩌겠다느니 비굴한 얼굴로 **중언부언**하면서
말이야.

출처 : 『허생전』 박지원, 중3-2 국어

 다른 작품 속 예문

아무래도 마음이 찜찜하여 길상이답지 않게 중언부언이다.
출처 : 『토지』, 박경리

 한자어 풀이

거듭 중(重) / 말씀 언(言) / 다시 부(復) / 말씀 언(言)

혼비백산

혼백이 이리저리 흩어진다는 뜻으로,
몹시 놀라 넋을 잃음을 이르는 말.

- 교과서 속 문장

  어디서 뛰어나왔는지 교통순경이 호루라기를 불며 달려오다가 노새가
  가까이 오자 **혼비백산**해서 도망갔다.

  출처 : 『노새 두 마리』 최일남, 중3 국어

 더하기 상식

인간이 '혼(魂)'과 '백(魄)'으로 구성되어 있다고 흔히 말하는데, 여기에서 혼은 정신
을, 백은 육체를 뜻한다. 따라서 혼비백산은 인간의 정신과 육체가 다 뿔뿔이 흩어
져버릴 정도로 몹시 놀란 것을 이르는 말이다.

 한자어 풀이

넋 혼(魂) / 날 비(飛) / 넋 백(魄) / 흩을 산(散)

장안

수도라는 뜻으로, 흔히 '서울 장안'이라고 쓴다.

• 교과서 속 문장

그러나 서울 **장안**에 아는 사람이라고는 한 사람도 없었다.

출처 : 『허생전』 박지원, 중3-2 국어

더하기 상식

'장안'은 중국의 옛 지명으로 전한, 후한, 당나라 등의 수도였고, 이후 수도를 뜻하는 일반명사처럼 자리 잡았다. 관용어구인 '장안의 화제'의 '장안' 또한 여기에 유래를 두고 있다.

다른 작품 속 예문

왕후 민씨가 직접 거동한다니까 그것은 신자들만의 조촐한 행사가 아니라 장안 부녀자들의 다시없는 구경거리였다.

출처 : 『대한 제국』 유주현

풍비박산

사방으로 날아 흩어짐.

• 교과서 속 문장

마침 파란불이 켜져서 우우하고 길을 건너던 사람들이, 앗, 엇, 외마디 소리를 지르며 **풍비박산**이 되었다.

출처 : 『노새 두 마리』 최일남, 중3 국어

다른 작품 속 예문

선친께서 빚봉수(남의 빚을 보증해주는 일)를 잘못하여 일조에 집안은 풍비박산, 설상가상으로 부친마저 심화병으로 세상을 뜨게 됐는데 식구는 졸지에 집을 비워 주고 거리에 나앉을 신세가 되었고…
출처 : 『토지』 박경리

한자어 풀이

바람 풍(風) / 날 비(飛) / 우박 박(雹) / 흩을 산(散)

밑천

어떤 일을 하는 데 바탕이 되는 돈이나 물건, 기술 등을
이르는 말.

• 교과서 속 문장

가진 **밑천**이 없는데 장사치 노릇을 어떻게 한단 말이오?

출처 : 『허생전』 박지원, 중3-2 국어

 다른 작품 속 예문

이게 이래 봬도 농사꾼한테는 살림 밑천이지. 자식들 시집 장가보내는 밑천이고 부
모 형제 초상 밑천이고…
출처 : 『토지』 박경리

 함께 알면 좋은 속담

밑천도 못 찾다 : 이득을 거두려다 오히려 손해를 입다.

젖 먹던 힘까지 다하다

남아 있는 최대한의 힘을 다 내다.

• 교과서 속 문장

연락을 받고 달려왔는지 시장 경비원 두세 명이 이놈의 노새, 이놈의 노새, 하면서 앞뒤를 막았으나 워낙 **젖 먹던 힘까지 다 내서** 길길이 뛰는 노새를 붙들지는 못하고, 저 노새 잡아라, 저 노새, 하고 외치며 이리 뛰고 저리 뛰고 할 뿐이었다.

출처 : 『노새 두 마리』, 최일남, 중3 국어

 함께 알면 좋은 속담

젖 먹던 힘이 다 든다 : 어떤 일이 매우 힘듦을 비유적으로 표현한 것.

 일반 예문

이제 결승전만 남았으니 젖 먹던 힘까지 다해 꼭 우승하길 바란다.

푸념

마음속에 품은 불평을 늘어놓음.

- 교과서 속 문장

  어느 날 허생의 아내가 배고픈 것을 참다못해 훌쩍훌쩍 울며 **푸념**을 했다.

  출처 : 『허생전』 박지원, 중3-2 국어

 함께 알면 좋은 속담

독 안에서 푸념 : 남이 모르게 푸념한다는 뜻으로, 마음이 옹졸하여 그 행동이 답답함을 이르는 말.

 유의어

넋두리, 사설, 신세타령

두방망이질

가슴이 매우 크게 두근거림을 비유적으로 이르는 말.

• 교과서 속 문장

두방망이질하는 가슴을 지그시 누르며 그 자리에 붙박인 듯 서서 한참 동안 원숭이들을 올려다볼 뿐이었지요.

출처: 『생명, 알면 사랑하게 되지요』, 최재천, 중1-1 국어

같은 말 다른 뜻

두방망이질 : 두 손에 방망이를 하나씩 들고 서로 바꾸어 가며 하는 방망이질.

일반 예문

여러 사람 앞에서 반장 선거 출마 연설을 하려니까 나도 모르게 가슴이 두방망이질을 쳤다.

☐
☐
☐

삯바느질

삯(일한 데 대한 보수)**을 받고 하여 주는 바느질.**

• 교과서 속 문장

아내가 **삯바느질**을 해서 그날그날 겨우 입에 풀칠을 하는 처지였다.

출처 : 『허생전(許生傳)』, 박지원, 중3-2 국어

작품 알기 : 고전소설 『허생전』

조선시대 고전·풍자소설. 현실개혁적 성격을 띠는 이 소설은 조선 효종 때를 시대
적 배경으로 하고 있다. 박지원은 이 소설에서 허생과 실존 인물인 이완과의 대화를
통해 허례허식에 물들어 있는 양반을 신랄하게 비판하며 실용적 사고를 촉구했다.

다른 작품 속 예문

어머니는 완쾌가 틀림없는 사실이라는 걸 증명하기 위해 열흘 되던 날부터 다시 삯
바느질을 시작하셨고…

출처 : 『엄마의 말뚝』, 박완서

☐
☐
☐

찬반 논란

찬성과 반대로 나뉘어 서로 다른 주장을 내며 다툼.

· 교과서 속 문장

  사라지는 일자리와 더불어 로봇 시대에 적합한 새로운 일자리들이 생
  겨날지 여부를 놓고 **찬반 논란**이 치열하다.

  출처 : 『로봇시대, 인간의 일』 구본권, 고1 국어(어크로스)

 더하기 상식

· 찬반(贊反) : 찬성과 반대를 아울러 이르는 말.
· 논란(論難) : 여럿이 서로 다른 주장을 내며 다툼.

 일반 예문

국내 유명 동물원의 물개 쇼를 두고 찬반 논란이 끊이지 않고 있다.

9월 23일

능사

잘하는 일.

• 교과서 속 문장

아이들에게 맛있는 음식을 많이 챙겨주는 것만이 **능사**가 아니다.

출처 : 『소금의 덫』 클라우스 오버바일, 중3-1 국어

일반 예문

빨리하는 것이 능사가 아니라 꼼꼼하게 처리하는 것이 더 중요하다.

한자어 풀이

능할 능(能) / 일 사(事)

유의어

왕도(王道)

□
□
□

낭패

계획한 일이 실패하거나 기대에 어긋나서 매우 딱하게 됨.

• 교과서 속 문장

아버지의 눈은 더할 수 없는 실망과 **낭패**로 가득 차, 나는 제대로 쳐다
보지도 못하고 슬며시 고개를 돌리다가 이내 축 처지고 말았다.

출처 : 『노새 두 마리』 최일남, 중3 국어

 함께 알면 좋은 속담

대사에 낭패 없다 : 큰일은 일단 시작해 놓으면 어떻게든 해내게 된다는 말.

 유의어

실패, 와착, 좌절

□
□
□

신진대사

생명 유지를 위해 생체 내에서 이루어지는 물질의 화학 변화.

• 교과서 속 문장

소금이 세포의 수분을 빼앗아 우리의 **신진대사** 능력이 떨어지는 것이다.

출처 : 『소금의 덫』 클라우스 오버바일, 중3-1 국어

일반 예문

신진대사가 활발하면 몸 안에 노폐물이 쌓이지 않기 때문에 건강해진다.

한자어 풀이

새 신(新) / 베풀 진(陳) / 대신할 대(代)
/ 사례할 사(謝)

유의어

물질대사, 물질교환, 대사

을씨년스럽다

날씨나 분위기 등이 보기에 몹시 스산하고 쓸쓸한 데가 있다.

- 교과서 속 문장

  동물원 안은 조용하고 **을씨년스러웠다**.

  출처 : 『노새 두 마리』 최일남, 중3 국어

 더하기 상식

을씨년은 '을사년(乙巳年) → 을시년 → 을씨년'의 변화 과정을 거친 말이라는 주장이 있다. 을사년은 1905년 을사오적을 앞세운 일제에게 강제로 우리 외교권을 빼앗긴 가장 치욕스러운 해이다. 이때부터 마음이나 날씨가 어수선하고 흐릴 때 '을사년스럽다'라고 표현하게 되었고, 이것이 현재의 '을씨년스럽다'로 바뀌었다는 것이다.

 유의어

궁색하다, 쓸쓸하다

☐ _____
☐ _____
☐ _____

골병

뼛속까지 깊이 든, 아주 깊은 병.

• 교과서 속 문장

여보, 영감, 병영 곤장을 한 개만 맞아도 평생 **골병**이 든답니다.

출처 : 『흥부전』 작자 미상, 중2-2, 3-2 국어

더하기 상식

골병이라는 어휘는 19세기 문헌에서부터 나타나고, 한자 '뼈 골(骨)', '병 병(病)'이 결합한 것으로 보는 견해가 있다. 혹은 '아주 심한'이라는 뜻의 접두사 '골-'과 '병'이 결합한 것으로 보기도 한다.

다른 작품 속 예문

결코 힘이 빠질 것 같지 않게 보였던 그 아버지가 골병이 들어 고스러져 가고…

출처 : 『타오르는 강』 문순태, 소명출판

□
□
□

전사

전쟁터에서 적과 싸우다 죽음.

• 교과서 속 문장

아무개는 **전사**했다는 통지가 왔고, 아무개는 죽었는지 살았는지 통 소
식도 없는데, 우리 진수는 살아서 오는 것이다.

출처 : 『수난이대』, 하근찬, 중3 국어

 작품 알기 : 현대소설 『수난이대』

일제강점기부터 6·25 전쟁 후까지 경상도 어느 마을에 살던 부자(父子)에게 일어난
일을 그린 단편소설. 아버지와 아들에게 닥친 시련과 이를 극복하려는 의지를 보여
주며, '외나무다리'라는 상징물을 사용하여 주제를 전달한다.

 같은 말 다른 뜻

· 전사(戰士)① : 전투하는 군사.
· 전사(轉寫)② : 글, 그림 등을 옮기어 베낌.

□
□
□

사연

일의 앞뒤 형편과 까닭.

- **교과서 속 문장**

  흥부 아내가 쌀을 팔고 고기를 사다가 자식들 배부르게 먹여 재운 뒤에,
  아무래도 궁금해서 돈 **사연**을 물었다.

  출처 : 『흥부전』 작자 미상, 중2-2, 3-2 국어

다른 작품 속 예문

윤춘삼 씨는 나 못지않게 감탄을 하면서 그가 그 노래를 즐겨 부르는 사연을 대강
이렇게 말했다.
출처 : 『모래톱 이야기』 김정한

같은 말 다른 뜻

- 사연(辭緣)① : 편지나 말의 내용.
- 사연(賜宴)② : 나라에서 베풀어 주는 잔치.

□
□
□

잰걸음

걸음의 폭이 짧고 빠른 걸음.

• **교과서 속 문장**

만도는 들길을 **잰걸음** 쳐 나가다가 개천 둑에 이르러서야 걸음을 멈추었다.

출처 : 『수난이대』 하근찬, 중3 국어

 다른 작품 속 예문

잰걸음으로 쫄쫄거리고 가던 식모 아가씨도 잠시 발을 멈추고 노새를 바라보았다.
출처 : 『노새 두 마리』 최일남

 유의어

속보, 질보

9월 19일

대장부

건장하고 씩씩한 남자.

• 교과서 속 문장

대장부 한 번 걸음에 엽전 서른닷 냥이 들어온다네.

출처 : 『흥부전』 작자 미상, 중2-2, 3-2 국어

다른 작품 속 예문

어제 내가 오늘 보내 드리마고 말했는데 대장부가 일구이언하겠소.
출처 : 『임꺽정』 홍명희, 사계절

함께 알면 좋은 속담

먹다 죽은 대장부나 밭갈이하다 죽은 소나 : 잘 먹고 잘살던 사람이나 고생스럽게
일만 한 사람이나 죽는 것은 매한가지임을 이르는 말.

고의춤

고의(남자의 여름용 홑바지)나 바지의 허리를 접어서 여민 사이.

- **교과서 속 문장**

  만도는 물기슭에 내려가서 쭈그리고 앉아 한 손으로 **고의춤**을 풀어헤쳤다.

  출처 : 『수난이대』 하근찬, 중3 국어

다른 작품 속 예문

윤 생원은 길가에 서 있는 버드나무 밑동을 잡고 쭈그리고 앉았다. 고의춤을 헤치고 줄줄줄 볼일을 보기 시작하는 것이었다.
출처 : 『야호』 하근찬, 산지니

유의어

괴춤('고의춤'의 준말), 허리춤

☐ _____
☐ _____
☐ _____

거부

부자 중에서도 특히 큰 부자.

· 교과서 속 문장

아니 백씨장이 만석 **거부**인데 박 생원이 환자 얻는단 말이 어쩐 말이오?

출처 : 『흥부전』 작자 미상, 중2-2, 3-2 국어

다른 작품 속 예문

현 부자네는 일제 치하에서 장사로 거부가 된 사람이었다.
출처 : 『태백산맥』 조정래, 해냄

유의어

갑부, 백만장자, 부자

약자

힘이나 세력이 약한 사람이나 생물. 또는 그런 집단.

• 교과서 속 문장

이런 **약자**들까지도 인권을 누려야 할 사람들이다.

출처 : 『역사 속 인권 이야기』 정용주, 중1-1 국어(리잼)

 같은 말 다른 뜻

약자(略字) : 복잡한 글자의 점이나 획 따위의 일부를 생략하여 간략하게 한 글자로 줄인 것. 여러 글자로 이루어진 말의 일부를 생략하여 만든 글자.

 한자어 풀이

약할 약(弱) / 사람 자(者)

 반의어

강자

권솔

한집에 돌보고 거느리며 사는 식구.

- 교과서 속 문장

  권솔은 많고 양도가 부족하여 환자 섬이나 얻을까 하고 왔제마는 여러 분 처분이 어떨지 모르제.

  출처 : 『흥부전』 작자 미상, 중2-2, 3-2 국어

 다른 작품 속 예문

창피하고 남부끄러우니 앞으로는 최 참판 댁 누구를 막론하고 권솔은 그 문전에 출입을 말라는 엄한 분부였다 합니다.
출처 : 『토지』 박경리

 유의어

가솔, 식구, 식솔

□ _____
□ _____
□ _____

보편

모든 것에 두루 미치거나 통함. 또는 그런 것.

• 교과서 속 문장

인권은 누구에게나 적용되는 **보편**적인 권리이자 책임을 다할 때 누릴
수 있는 권리이다.

출처 : 『역사 속 인권 이야기』 정용주, 중1-1 국어

한자어 풀이

넓을 보(普) / 두루 편(遍)

유의어

공통, 일반

반의어

특수

섭취

생물체가 양분 따위를 몸속에 빨아들이는 일.

• 교과서 속 문장

탄수화물과 단백질을 **섭취**하면 각각 1그램당 4킬로칼로리의 열량을,
지방은 1그램당 9킬로칼로리의 열량을 얻을 수 있지요.

출처: 『하리하라의 과학24시』 이은희, 중1-1 국어

한자어 풀이

잡을 섭(攝) / 가질 취(取)

유의어

흡수, 섭식, 수용

반의어

배출

한길

사람이나 차가 많이 다니는 넓은 길.

- 교과서 속 문장

개천을 건너서 논두렁길을 한참 부지런히 걸어가노라면 읍으로 들어가는 **한길**이 나선다.

출처 : 『수난이대』 하근찬, 중3 국어

 함께 알면 좋은 속담

길이 없으니 한길을 걷고 물이 없으니 한물을 먹는다 : 다른 방도가 없어 할 수 없이 일을 같이 한다는 말.

 다른 작품 속 예문

왕래하는 사람도 드물어 넓은 한길이 그저 한산했다.
출처 : 『카인의 후예』 황순원

열량

열에너지의 양. 보통 식품의 화학에너지를 의미한다.

- ### 교과서 속 문장

  그런데 이렇게 사람들이 좋아하는 음식들은 **열량**이 높아서 비만과 성
  인병의 원인이 되지요.

  출처 : 『하리하라의 과학24시』 이은희, 중1-1 국어

 더하기 상식

열량의 단위인 칼로리(Calorie)는 기호로 'cal'을 사용한다. 이는 1기압 하에서 순수
한 물 1그램의 온도를 1도만큼 올리는 데 필요한 열량으로 정의된다.

 한자어 풀이

더울 열(熱) / 헤아릴 량(量)

□ _____
□ _____
□ _____

신작로

새롭게 만든 길이라는 뜻으로, 자동차가 다닐 만큼 넓게 낸 길.

· 교과서 속 문장

신작로에 나서면 금세 읍이었다.

출처 : 『수난이대』 하근찬, 중3 국어

함께 알면 좋은 속담

신작로 닦아 놓으니까 문둥이가 먼저 지나간다 : 애써 한 일이 보람 없게 되었음을
이르는 말.

유의어

대도, 대로, 차도

☐ _____
☐ _____
☐ _____

의관

남자의 웃옷과 갓을 뜻하며,
남자가 정식으로 갖추어 입는 옷차림.

• 교과서 속 문장

흥부가 그렇게 저렇게 **의관**을 갖추는데 모양이 볼만했다.

출처 : 『흥부전』 작자 미상, 중2-2, 3-2 국어

 다른 작품 속 예문

윤용규, 그는 삼십이 넘도록 탈망(머리에 쓴 망건을 벗음) 바람으로 삿갓 하나를 의
관 삼아…
출처 : 『태평천하』 채만식

 같은 말 다른 뜻

· 의관(儀觀)① : 위엄 있는 옷차림새.
· 의관(醫官)② : 조선시대 내의원에서 의술에 종사하는 관리.

징용

전시·사변 등의 비상사태에 국가가 국민을
강제로 어떤 업무에 종사시키는 일.

· 교과서 속 문장

그저 다들 타라면 탈 사람들이었다. **징용**에 끌려 나가는 사람들이었다.

출처 : 『수난이대』 하근찬, 중3 국어

 다른 작품 속 예문

지원 안 하고 버티고 있으면 징용 갈 것이 뻔한데요.
출처 : 『지리산』 이병주, 한길사

 유의어

강제징용, 징모, 징발

노적가리

곡식 따위를 한데 수북이 쌓아 둠. 또는 그 더미.

• 교과서 속 문장

쌀 한 말이나 주자 한들 대청 큰 뒤주에 가득가득 들었으니 네놈 주자고 뒤주 헐며, 벼 한 말을 주자 한들 곳간 **노적가리** 태산같이 쌓였는데 네 놈 주자고 **노적가리**를 헌단 말이냐?

출처 : 『흥부전』, 작자 미상, 중2-2, 3-2 국어

다른 작품 속 예문

추수가 거의 끝나 간 들에는 여름철 우거졌던 곡초가 단으로 묶여 차곡차곡 노적가리로 쌓아지고 있었다.
출처 : 『북간도』, 안수길, 글누림

함께 알면 좋은 속담

노적가리에 불 지르고 싸라기 주워 먹는다 : 큰 것을 잃고 작은 것을 얻음을 이르는 말.

☐
☐
☐

고역

견디기 힘들고 몹시 고단한 일.

• 교과서 속 문장

고향에서 농사일에 뼈가 굳어진 몸에도 이만저만 **고역**이 아니었다.

출처 : 『수난이대』 하근찬, 중3 국어

다른 작품 속 예문

아무리 물에 손발을 담그고 하는 일이지만, 여름 햇볕 아래서의 빨래는 이만저만한 **고역**이 아니었다.

출처 : 『야호』 하근찬, 산지니

유의어

가역(苛役), 극난사(極難事), 극역(劇役)

☐
☐
☐

뒤주

곡식을 담아 두는 세간(집안 살림에 쓰는 물건).

• 교과서 속 문장

쌀 한 말이나 주자 한들 대청 큰 **뒤주**에 가득가득 들었으니 네놈 주자고
뒤주 헐며, 벼 한 말을 주자 한들 곳간 노적가리 태산같이 쌓였는데 (…)

출처 : 『흥부전』 작자 미상, 중2-2, 3-2 국어

 더하기 상식

뒤주는 주로 쌀을 담아두던 쌀통이라는 자체의 의미보다 조선시대 사도세자가 한
여름 삼복더위에 뒤주에 갇혀 8일 만에 굶어 죽은 사실로 더 유명하다. 사도세자는
영조의 차남으로, 혜경궁 홍씨 사이에서 조선 22대 왕인 정조를 낳았다.

 함께 알면 좋은 속담

뒤주 밑이 긁히면 밥맛이 더 난다 : 쌀이 없어진 뒤에 밥맛이 더 난다는 뜻으로, 무
언가가 없을 때 더 간절하게 생각난다는 말.

4월 20일

상이군인

군사상 공무나 전투 중에 부상을 입은 군인.

• **교과서 속 문장**

사람들의 물결 속에 두 개의 지팡이를 짚고 절룩거리면서 걸어 나가는
상이군인이 있었으나 만도는 그 사람에게 주의가 가지는 않았다.

출처 : 『수난이대』 하근찬, 중3 국어

더하기 상식

국가유공자란 국가를 위해 희생하거나 공헌한 사람을 일컫는 말로, '국가유공자 등
예우 및 지원에 관한 법률'에서 규정한 자를 말한다. 국가유공자와 유족, 후손은 법
으로 정해진 혜택을 받을 수 있는데, 등급에 따라서 연금, 생활조정수당 등이 차등
지급되며, 그 외에 학자금 지급, 취업 알선, 생활안정자금의 대부 등도 지원된다.

한자어 풀이

다칠 상(傷) / 상처 이(痍) / 군사 군(軍) / 사람 인(人)

생계

살림을 살아나갈 방도나 현재 살림의 형편.

• **교과서 속 문장**

이렇듯 벌기는 버는데 하루 품을 팔면 네댓새씩 앓고 나니 **생계**가 막막
했다.

출처 : 『흥부전』 작자 미상, 중2-2, 3-2 국어

 다른 작품 속 예문

비록 생활이 빠듯하긴 하지만 오빠 경민의 월급과 배급으로도 생계는 이럭저럭 꾸
려나갈 수가 있었던 것이다.
출처 : 『육이오』 홍성원

 한자어 풀이

날 생(生) / 꾀할 계(計)

부가세 (부가가치세)

상품(재화)의 거래나 서비스(용역)의 제공 과정에서 얻어지는 부가가치(이윤)에 대하여 과세하는 세금.

· 교과서 속 문장

아래의 음식 가격에는 **부가세**가 포함되어 있습니다.

출처 : 『10대를 위한 재미있는 경제 특강』 조준현, 중2-1 국어(움직이는서재)

함께 알면 좋은 어휘

· 국세 : 국가가 부과하여 거두어들이는 세금.
· 지방세 : 지방자치단체가 주민에게 물리는 세금.

일반 예문

영아용 기저귀와 분유는 부가세를 면제 받는다.

한자어 풀이

붙을 부(附) / 더할 가(加) / 세금 세(稅)

☐
☐
☐

춘하추동

봄·여름·가을·겨울의 사계절을 이르는 말.

• 교과서 속 문장

그래도 집이라고 멍석자리 거적문에 지푸라기를 이불 삼아 **춘하추동**
사시절을 지낼 적에, 따로 먹고살 도리가 없으니 무엇이 되었든 손에 잡
히는 대로 품을 팔아서 끼니를 이었다.

출처 : 『흥부전』 작자 미상, 중2-2, 3-2 국어

다른 작품 속 예문

강가 나루터의 풍경도 춘하추동을 거친다. 세월이 흘렀다. 강가 나루터로 나와 뱃
전에 내리는 객들을 바라보는 삼례는 이제 할머니가 되어 버렸다.
출처 : 『그곳에 이르는 먼 길』 김원일

한자어 풀이

봄 춘(春) / 여름 하(夏) / 가을 추(秋) / 겨울 동(冬)

무상교육

교육을 받는 학생에게 일체의 경제적 부담을 주지 않고
무료로 실시하는 교육.

• 교과서 속 문장

중학교까지 **무상교육**을 실시하거나, 의료 보험이나 실업 보험과 같은
사회 보장 제도를 운영하는 일에도 돈이 들어간다.

출처 : 『10대를 위한 재미있는 경제 특강』, 조준현, 중2-1 국어

 함께 알면 좋은 어휘

의무교육 : 국가에서 제정한 법률에 따라 일정 연령에 이른 아동이 의무적으로 받아
야 하는 보통 교육. 우리나라에서 초등교육은 6년, 중등교육은 3년으로 정하고 있다.

 한자어 풀이

없을 무(無) / 같을 상(償) / 가르칠 교(敎)
/ 기를 육(育)

 유의어

무료교육

정제

물질에 섞인 불순물을 없애 그 물질을 더 순수하게 함.

• 교과서 속 문장

이제는 탄수화물 덩어리인 **정제**된 곡물에 설탕을 잔뜩 넣어 기름에 튀긴 도넛, 설탕과 유지방이 듬뿍 든 아이스크림, 너무 달아서 혀가 마비되어 버릴 것 같은 초콜릿 케이크가 사람들의 입맛을 사로잡았습니다.

출처 : 『하리하라의 과학24시』 이은희, 중1-1 국어(비룡소)

 더하기 상식

흔히 먹는 백설탕은 원료인 사탕수수를 정제하는 과정에서 표백하고 영양소를 제거하여 달달한 성분만 남은 것이다. 비정제 설탕은 사탕수수에서 원당을 추출해 그대로 가열·건조하여 당분 외에 무기질, 식이섬유 등의 영양 성분을 함유하고 있다.

 한자어 풀이

정할 정(精) / 지을 제(製)

유의어

정련(精練)

4월 23일

☐
☐
☐

대합실

공공시설에서 손님이 기다릴 수 있도록 마련한 공간.

• 교과서 속 문장

정거장 **대합실**에 와서 이렇게 도사리고 앉아 있노라면, 만도는 곧잘 생각키는 일이 한 가지 있었다.

출처 : 『수난이대』 하근찬, 중3 국어

다른 작품 속 예문

한데(사방, 상하를 덮거나 가리지 아니한 곳, 바깥)나 다름없는 대합실 안은 새벽이면 이불을 덮었어도 추웠다.

출처 : 『소년은 자란다』 채만식, 진달래산천

함께 알면 좋은 어휘

공공시설 : 국가 또는 지방자치단체가 국민의 편의나 복지를 위해 설치한 시설.

☐
☐
☐

딜레마

선택해야 할 길은 두 가지 중 하나로 정해져 있는데, 그 어느 쪽을
선택해도 바람직하지 못한 결과가 나오게 되는 곤란한 상황.

• 교과서 속 문장

앞으로 자율주행차, 인간형 로봇이 직면할 가장 어려운 문제는 윤리적
딜레마다.

출처 : 『로봇시대, 인간의 일』 구본권, 고1 국어

더하기 상식

딜레마는 영어로 'Dilemma'라 표기한다. 그리스어 di(두 번)와 lemma(제안, 명제)
의 합성어로, '두 개의 제안'이라는 뜻.

유의어

궁경(窮境), 진퇴양난(進退兩難)

황송하다

분에 넘치게 고맙고 송구하다.

- **교과서 속 문장**

진수는 무척 **황송한** 듯 한쪽 눈을 찍 감으면서 고등어와 지팡이를 든 두 팔로 아버지의 목줄기를 부둥켜안았다.

출처 : 『수난이대』 하근찬, 중3 국어

다른 작품 속 예문

안승학은 조끼 주머니에 든 돈지갑 속에서 오 원짜리 한 장을 꺼내 주는 것을 춘학이는 벌벌 떨리는 손으로 황송하게 받는다.

출처 : 『고향』 이기영

유의어

고맙다, 과감(過感)하다, 송구하다

생트집

아무 까닭이 없이 잡는 트집.

• 교과서 속 문장

부모님이 돌아가시자 놀부는 괜히 **생트집**을 잡아 불호령을 내리며 흥부를 쫓아냈다.

출처 : 『흥부전(興夫傳)』 작자 미상, 중2-2, 3-2 국어

작품 알기 : 고전소설 『흥부전』

조선시대의 고전소설로 빈부 격차에 대한 비판적 내용을 담고 있으며, 우리나라에서 널리 알려진 이야기이다. 유래는 국문본으로 '흥보전(興甫傳)' 또는 '놀부전'이라고도 한다. 춘향전이나 심청전과 같이 판소리 계열에 속하는 소설.

함께 알면 좋은 속담

물에 빠진 놈 건져 놓으니까 내 봇짐 내라 한다 : 은혜를 입고서도 그 고마움은커녕 뻔뻔하게 생트집을 잡음을 이르는 말.

정결하다

매우 깔끔하고 깨끗하다.

• 교과서 속 문장

병원 안이 먼지 하나도 없이 **정결하다**는 것과 치료비가 어느 병원의 갑절이나 비싸다는 점이다.

출처 : 『꺼삐딴 리』, 전광용, 중3-2 국어

 작품 알기 : 현대소설 『꺼삐딴 리』

1962년 7월 《사상계》에 발표된 전광용의 단편소설로 제7회 동인문학상 수상작. 이 작품은 일제 때부터 광복기를 거쳐 1950년대에 이르기까지 권력에 아부하고 출세에 연연하며 살아온 한 상류층 의사의 삶을 풍자적으로 그려낸다. 제목의 '꺼삐딴'은 영어 '캡틴(Captain)'을 의미하는 러시아어 '카피탄(Капитан)'이 와전된 표현이다.

 한자어 풀이

깨끗할 정(淨) / 깨끗할 결(潔)

일편단심

한 조각의 붉은 마음이라는 뜻으로,
진심에서 우러나오는 변하지 않는 마음.

- 교과서 속 문장

  한번 정을 맡긴 연후에 바로 버리시면 **일편단심** 이내 마음, 독수공방 홀
  로 누워 우는 한은 이내 신세 내 아니면 누구일꼬?

  출처 : 『춘향전』 작자 미상, 중2-2, 3-1 국어

다른 작품 속 예문

우리가 비록 간적들에게 깃은 잃었을망정, 보국하려는 일편단심이야 죽기까지 잃
겠느냐?
출처 : 『젊은 그들』 김동인

한자어 풀이

한 일(一) / 조각 편(片) / 붉을 단(丹) / 마음 심(心)

예진

본격적으로 의료 진찰을 하기 전에 미리 간단하게 하는 진찰.

• 교과서 속 문장

그렇게 중환자가 아닌 한 대부분의 경우 **예진**은 젊은 의사들이 했다.

출처 : 『꺼삐딴 리』 전광용, 중3-2 국어

 함께 알면 좋은 어휘

예진표 : 의사가 환자를 진찰하기 전에 환자가 자신의 신상이나 증상 등을 간단하게 작성할 수 있도록 꾸며놓은 표. 주로 건강검진에 많이 활용된다.

 한자어 풀이

미리 예(豫) / 진찰하다 진(診)

공명

공을 세워서 자기의 이름이 널리 알려짐.

· 교과서 속 문장

이마가 높았으니 젊은 나이에 **공명**을 얻을 것이요, 이마며 턱이며 코와 광대뼈가 조화를 얻었으니 충신이 될 것이라.

출처 : 『춘향전』 작자 미상, 중2-2, 3-1 국어

같은 말 다른 뜻

· 공명(共鳴)① : 맞울림. 타인의 사상·감정·행동 등에 공감하여 따르려 함.
· 공명(空名)② : 실제에는 맞지 않는 부풀려진 명성.

다른 작품 속 예문

재물과 공명을 아울러 얻게 될 것이 생각만 해도 회가 동합니다.
출처 : 『두포전』 김유정

홍안

붉은 얼굴이라는 뜻으로, 젊어서 혈색이 좋은 얼굴.

- **교과서 속 문장**

  이십 대 **홍안**을 자랑하던 젊음은 어디로 사라진 것인지 머리카락도 반
  백이 넘었고 이마의 주름은 깊어만 갔다.

  출처: 『꺼삐딴 리』 전광용, 중3-2 국어

 같은 말 다른 뜻

- 홍안(鴻雁)① : 큰 기러기와 작은 기러기를 함께 이르는 말.
- 홍안(紅顏)② : 후지(부사)와 홍옥을 교배하여 선발한 사과 품종.

 다른 작품 속 예문

연세가 칠십에 가까웠건만 얼굴은 홍안이요, 머리는 백발인데…
출처 : 『임진왜란』 박종화, 달궁

호걸

지혜와 용기가 뛰어나고 씩씩한 기상과 기개와 풍모를
가진 사람.

- 교과서 속 문장

  이때 춘향이 추파를 잠깐 들어 이 도령을 살펴보니 천하의 **호걸**이요.

  출처 : 『춘향전』 작자 미상, 중2-2, 3-1 국어

 함께 알면 좋은 어휘

- 영웅호걸(英雄豪傑) : 영웅과 호걸을 함께 이르는 말.
- 산중호걸(山中豪傑) : 산속에 사는 호걸이라는 뜻으로, 호랑이나 호랑이의 기상을
이르는 말.

 다른 작품 속 예문

병일은 취한 척을 하고 호걸스럽게 껄껄 웃었다.
출처 : 『적도』 현진건

4월 28일

재원

재화나 자금이 나올 원천.

• **교과서 속 문장**

즉 세금은 정부가 국가를 운영하기 위해 꼭 필요한 **재원**이다.

출처 : 『10대를 위한 재미있는 경제 특강』 조준현, 중2-1 국어

 같은 말 다른 뜻

재원(才媛) : 재주가 뛰어난 젊은 여자.

 한자어 풀이

재물 재(財) / 근원 원(源)

 유의어

재본

9월 3일

계계승승

선대에서 하던 일을 후대 사람이 내리 이어받음.

• 교과서 속 문장

부친을 이어 **계계승승** 모두 일품의 벼슬자리를 만세토록 유전하더라.

출처 : 『춘향전』 작자 미상, 중2-2, 3-1 국어

다른 작품 속 예문

우리나라 사천 년 동안 계계승승해서 내려오던 교양 높은 문명과 문화재는 명나라 때문으로 해서 다 타 버리고…
출처 : 『임진왜란』 박종화, 달궁

한자어 풀이

이을 계(繼) / 이을 계(繼) / 이을 승(承) / 이을 승(承)

소득

일한 결과로 얻은 정신적·물질적 이익. 일정 기간 동안의
근로 사업이나 자산의 운영 따위에서 얻는 수입.

• 교과서 속 문장

앞으로 **소득**이나 재산이 생기면 그에 따른 소득세나 재산세를 낼 것이다.

출처 : 『10대를 위한 재미있는 경제 특강』 조준현, 중2-1 국어

 함께 알면 좋은 어휘

소득세 : 개인이 한 해 동안 벌어들인 돈에 대하여 액수별 기준에 따라 매기는 세금.

 한자어 풀이

바(일의 방법이나 방도) 소(所)
/ 얻을 득(得)

 유의어

수입, 수익, 수확, 이득, 이윤, 날찍

9월 2일

고령화

한 사회에서 노인 인구 비율이 높은 상태로 나타나는 일.

- **교과서 속 문장**

  자율주행차는 **고령화** 사회가 예고된 상황에서 더욱 주목받고 있다.

  출처 : 『로봇시대, 인간의 일』 구본권, 고1 국어

 더하기 상식

우리나라의 노인 인구 비율은 2000년부터 7퍼센트를 넘어서면서 고령화 사회로 진입했다. 또한 2020년에는 22.4퍼센트를 기록하며 초고령 사회로 진입했으며, 2050년경에는 48.9퍼센트까지 늘어날 것으로 예측한다.

 한자어 풀이

높을 고(高) / 나이 령(齡) / 될 화(化)

 함께 알면 좋은 어휘

고령 사회 : 전체 인구 가운데 65세 이상에 해당하는 인구가 14퍼센트 이상, 20퍼센트 미만인 사회(20퍼센트 이상인 사회는 '초고령 사회'라 부른다).

핏덩이

갓 태어난 아이나 짐승의 새끼를 비유적으로 이르는 말.

• 교과서 속 문장

앞날이 아득한 **핏덩이**만이 지금의 이인국 박사의 곁을 지켜주는 유일한 혈육이다.

출처 : 『꺼삐딴 리』, 전광용, 중3-2 국어

 다른 작품 속 예문

푸르죽죽한 조그만 핏덩이가 겨우 모깃소리만 한 첫울음을 울었다.
출처 : 『도시의 흉년』, 박완서

 유의어

갓난아기, 갓난아이, 핏덩어리

☐
☐
☐

전망

앞날을 헤아려 내다봄. 또는 내다보이는 장래의 상황.

• 교과서 속 문장

자율주행차가 사람이 운전하는 자동차보다 훨씬 안전하며 널리 보급된 후에는 사람의 운전이 금지되리라는 것이 머스크의 **전망**이다.

출처: 『로봇시대, 인간의 일』 구본권, 고1 국어

같은 말 다른 뜻

전망(戰亡) : 전쟁터에서 적과 싸우다 죽음. 전사.

한자어 풀이

펼 전(展) / 바랄 망(望)

유의어

장래, 예상

5월

9월

시금석

**사물의 가치, 사람의 능력 등을 평가하는 데
기준이 될 만한 사물 등을 비유적으로 이르는 말.**

• 교과서 속 문장

그러니 외딸인 제가 그런 국제결혼의 **시금석**이 되겠단 말인가.

출처 : 『꺼삐딴 리』 전광용, 중3-2 국어

일반 예문

엥겔계수(Engel, 생계비 중 음식비가 차지하는 비율. 가계 소득이 늘면 엥겔계수가
줄고 문화비 비율이 늘어남)는 그 나라의 문화 수준을 가늠할 수 있는 시금석이다.

함께 알면 좋은 어휘

· 기준 : 기본이 되는 표준.
· 척도 : 평가나 측정할 때 근거가 되는 기준.
· 바로미터(Barometer) : 사물의 수준을 알 수 있는 기준이 되는 것.

순행하다

감독하기 위하여 돌아다님.

• 교과서 속 문장

어사또는 좌도, 우도 여러 읍을 **순행하여** 백성들의 사정을 살핀 후에 서울로 올라가 어전에 나아가 임금께 엎드려 절하니 판서, 참판, 참의들이 들어와 보고서들을 일일이 점검했다.

출처 : 『춘향전』 작자 미상, 중2-2, 3-1 국어

다른 작품 속 예문

행여 순검막의 따끔나리들이 순행을 하다가 눈치라도 채면 어쩌나 하고, 마음이 바짝 죄어들었다.

출처 : 『타오르는 강』 문순태, 소명출판

유의어

순찰하다, 순회하다, 시찰하다

솔선수범

남보다 먼저 나서는 행동으로, 다른 사람의 본보기가 됨.

• 교과서 속 문장

마누라의 **솔선수범**하는 내조지공도 컸지만 애들까지도 곧잘 지켜주었기에 이 종잇장은 탄 것이 아니던가.

출처 : 『꺼삐딴 리』 전광용, 중3-2 국어

함께 알면 좋은 사자성어

자아작고(自我作古) : 옛일, 옛것에 얽매이지 않고 모범이 될 만한 새로운 일을 스스로 만들어냄을 이르는 말.

한자어 풀이

지킬 솔(率) / 먼저 선(先) / 드리울 수(垂) / 법 범(範)

☐ _____
☐ _____
☐ _____

절개

신념·신의 등을 굽히지 아니하고 굳게 지키는 태도.

• 교과서 속 문장

춘향의 높은 **절개**가 광채 있게 되었으니 어찌 아니 좋을 것인가.

출처 : 『춘향전』 작자 미상, 중2-2, 3-1 국어

 함께 알면 좋은 속담

남자는 배짱이요 여자는 절개다 : 남자는 두둑한 배포가 있어야 하며, 여자는 절개를 소중히 해야 한다는 말.

 다른 작품 속 예문

경상 우병사 최경회도 최후까지 싸우다가 절개를 굽히지 않고 강물로 떨어져 버린다.
출처 : 『임진왜란』 박종화, 달궁

치하

남이 한 일에 대하여 고마움이나 칭찬의 뜻을 표함.
주로 윗사람이 아랫사람에게 한다.

- 교과서 속 문장

  국민 총력 연맹 지부장의 웃음 띤 **치하** 소리가 떠올랐다.

  출처 : 『꺼삐딴 리』 전광용, 중3-2 국어

 다른 작품 속 예문

과연 모정을 세운 것은 잘한 일이어서, 마을 사람들한테 좋은 일 했다고 치하도 받고….
출처 : 『혼불』 최명희, 매안출판사

 같은 말 다른 뜻

치하(治下) : 지배나 통치 아래를 이르는 말.

금수

날짐승과 길짐승이란 뜻으로, 모든 짐승을 말함.

· 교과서 속 문장

역졸들이 일시에 외치는 소리에 강산이 무너지고 천지가 뒤집히는 듯하니 산천초목인들 **금수**인들 아니 떨겠는가.

출처 : 『춘향전』 작자 미상, 중2-2, 3-1 국어

함께 알면 좋은 속담

나라 없는 백성은 금수보다도 못하다 : 말 그대로 나라가 없는 백성은 그 몸이나 처지가 몹시 고단하고 힘듦을 이르는 말.

같은 말 다른 뜻

· 금수(錦繡)① : 수놓은 비단이나 화려한 옷이나 직물.
· 금수(禁輸)② : 수입이나 수출을 금함.

☐
☐
☐

우격다짐

억지로 우겨서 상대방을 굴복시킴. 또는 그런 행위.

• **교과서 속 문장**

아들의 출발을 앞두고 걱정하는 마누라를 **우격다짐**으로 무마시키고 그는 아들의 유학을 관철했다.

출처 : 『꺼삐딴 리』 전광용, 중3-2 국어

 다른 작품 속 예문

그들을 생각해서 자발적으로 혜택을 베풀어 준 것이었지만 대체로는 그들이 담판을 벌이거나 우격다짐의 수단을 써서 성사시킨 것이었다.
출처 : 『어느 사학도의 젊은 시절』 박태순

 유의어

억지, 억지다짐

□ _____
□ _____
□ _____

산천초목

산과 개천과 풀과 나무라는 뜻으로, '자연'을 이르는 말.

- **교과서 속 문장**

  역졸들이 일시에 외치는 소리에 강산이 무너지고 천지가 뒤집히는 듯
  하니 **산천초목**인들 금수인들 아니 떨겠는가.

  출처 : 『춘향전』 작자 미상, 중2-2, 3-1 국어

 다른 작품 속 예문

담력이 대단하고 용병술이 뛰어나서 전에 한창 화적을 칠 때는 그가 나서면 산천초
목이 떨었다는 소문이었다.
출처 : 『녹두장군』 송기숙, 시대의창

 한자어 풀이

뫼 산(山) / 내 천(川) / 풀 초(草) / 나무 목(木)

□
□
□

초점

사람들의 관심이나 주의가 집중되는 사물의 중심 부분.

- **교과서 속 문장**

  많은 생물학자들이 찰스 다윈 이래로 경쟁에 대한 연구에 **초점**을 맞추어 왔습니다.

  출처 : 『최재천의 인간과 동물』 최재천, 중2-2 국어(궁리출판)

 일반 예문

친구는 이야기의 초점에서 벗어나 엉뚱한 소리만 계속하였다.

 한자어 풀이

탈 초(焦) / 점 점(點)

 유의어

중점, 주안점, 역점, 논점, 포인트

☐
☐
☐

염치

체면을 차릴 줄 알며 부끄러움을 아는 마음.

- **교과서 속 문장**

  좋은 잔치를 맞아 술과 안주를 포식하고 그냥 가기가 **염치**가 아니니 한 수 하겠소이다.

  출처 : 『춘향전』 작자 미상, 중2-2, 3-1 국어

 함께 알면 좋은 표현

· 염치(를) 차리다 : 염치를 알아 부끄럽지 아니하게 행동한다는 뜻.
· 염치와 담(을) 쌓은 놈 : 염치가 조금도 없는 사람을 낮잡아 이르는 말.

 한자어 풀이

청렴할 렴(염) (廉) / 부끄러워할 치 (恥)

공생

서로 도우며 함께 삶.

• 교과서 속 문장

지난 20년 동안 많은 학자들이 **공생**, 그중에서도 상리 **공생**에 대해 연구했습니다.

출처 : 『최재천의 인간과 동물』, 최재천, 중2-2 국어

일반 예문

악어와 악어새, 개미와 진딧물은 대표적인 상리 공생(서로 이익을 주고받는 공생의 한 양식) 관계이다.

한자어 풀이

한가지 공(共) / 살 생(生)

유의어

공존, 상부상조, 공존동생

국한하다

범위를 일정한 부분에 한정하다.

• 교과서 속 문장

이를 기능의 측면에 **국한해서** 살펴보면, 건축에서 문의 방향을 결정하는 요인은 크게 세 가지 정도로 꼽을 수 있다.

출처 : 『건축 속 재미있는 과학 이야기』 이재인, 중1-1 국어

일반 예문

환경오염 문제는 우리나라에만 국한된 것이 아니라 전 세계적으로 관심을 가져야 할 문제이다.

한자어 풀이

판 국(局) / 한할 한(限)

유의어

한정하다, 제한하다, 한국하다

함구령

어떤 일에 대해 입을 다물라는 명령.

- **교과서 속 문장**

  예전까지 고등계 형사들에게서 실컷 얻어들은 지식이 약이 되어 **함구령**이 지상 명령이라는 신념을 일관하고 있었다.

  출처 : 『꺼삐딴 리』 전광용, 중3-2 국어

 다른 작품 속 예문

폐비 일 건에 대해서는 동궁의 귀에 추호만큼이라도 들려주지 말라는 함구령이 내린 지가 벌써 오래다.
출처 : 『금삼의 피』 박종화, 새움

 한자어 풀이

봉할 함(緘) / 입 구(口) / 법령 령(令)

기점

어떠한 것이 처음으로 일어나거나 시작되는 곳.

- **교과서 속 문장**

  거기로 사람이 드나들 뿐 아니라, 어떤 것의 경계를 표시하고, 새로운
  시작을 위한 **기점** 역할도 한다.

  출처 : 『건축 속 재미있는 과학 이야기』 이재인, 중1-1 국어

 한자어 풀이

일어날 기(起) / 점 점(點)

 유의어

출발점, 시작점, 출발선

 반의어

종점, 종착점, 끝, 최종점

☐
☐
☐

격리

다른 것과 통하지 못하도록 사이를 막거나 떼어놓는 것.

• 교과서 속 문장

얼마 후 환자는 **격리**되었고 남은 사람들은 똥을 닦느라고 한참 법석을
치고 다시 잠을 불러일으키진 못했다.

출처 : 『꺼삐딴 리』 전광용, 중3-2 국어

 다른 작품 속 예문

오랜만에 어린애를 데리고 있는 일반인 가족을 보니 신기하기도 하고 심산유곡에
서 사회와 격리된 채 살고 있는 그 가족들이 행복해 보이기도 했다.
출처 : 『지리산』 이병주, 한길사

 유의어

고립, 분리, 소외

☐ _____
☐ _____
☐ _____

풍류

멋스럽고 풍치가 있게 노는 일.

• **교과서 속 문장**

이런 잔치에 **풍류**로만 놀아서는 맛이 적으니 운자를 따라 시 한 수씩 지어보면 어떻겠소?

출처 : 『춘향전』 작자 미상, 중2-2, 3-1 국어

일반 예문

조선시대 선비들을 생활 속에서 시(詩), 서(書), 금(琴), 주(酒)를 즐겼고, 이를 풍류라 하였다.

다른 작품 속 예문

선비님네 풍류를 모를 만큼 촌년도 아니옵니다.
출처 : 『토지』 박경리

□
□
□

청천벽력

맑은 하늘에 치는 날벼락이라는 뜻으로,
생각지 않게 일어난 큰 변고나 사건을 비유적으로 이르는 말.

- 교과서 속 문장

이게 무슨 **청천벽력** 같은 기적일까.

출처 : 『꺼삐딴 리』 전광용, 중3-2 국어

더하기 상식

청천벽력(靑天霹靂)은 남송의 시인 육유가 자신의 뛰어난 필치(筆致, 글에서 나타나는 개성)를 가리켜 "푸른 하늘(靑天)에 벼락(霹靂)을 날린 듯하다"라고 말한 데서 유래했다. 그런데 맑은 하늘에 날벼락이 칠 확률은 대략 6퍼센트 정도로, 생각보다 일어날 가능성이 아주 낮지는 않다.

한자어 풀이

푸를 청(靑) / 하늘 천(天) / 벼락 벽(霹) / 벼락 력(靂)

☐ _____
☐ _____
☐ _____

짐작

사정이나 형편 등을 어림잡아 헤아림.

• 교과서 속 문장

운봉 수령이 그 거동을 지켜보다가 무슨 **짐작**이 있었는지 변 사또에게
청했다.

출처 : 『춘향전』 작자 미상, 중2-2, 3-1 국어

 함께 알면 좋은 속담

가재 물 짐작하듯 : 무슨 일에나 먼저 예측을 잘함을 비유적으로 이르는 말.

 유의어

대중, 생각, 어림

계기

어떤 일이 일어나도록 만든 결정적 원인이나 기회.

• 교과서 속 문장

그의 실력이 혹부리 고문관의 유다른(여느 것과 아주 다른) 관심을 끌 게 한 **계기**를 만들어주었다.

출처 : 『꺼삐딴 리』 전광용, 중3-2 국어

 같은 말 다른 뜻

· 계기(計器)① : 길이, 면적, 온도, 강도 등을 측량하는 기구를 통틀어 이르는 말.
· 계기(屆期)② : 정한 때나 기한에 다다름.

 다른 작품 속 예문

달수가 구마모토의 눈에 든 건 극히 우연한 계기 때문이었다.
출처 : 「거룩한 응답」, 최일남

거동

몸을 움직이는 동작.

• **교과서 속 문장**

운봉 수령이 그 **거동**을 지켜보다가 무슨 짐작이 있었는지 변 사또에게 청했다.

출처 : 『춘향전』 작자 미상, 중2-2, 3-1 국어

함께 알면 좋은 속담

개미가 거동하면 비가 온다 : 개미 떼가 길에 많이 나와 다니면 비가 온다는 뜻으로, 개미를 보고 날씨, 기상 상태를 예측함.

다른 작품 속 예문

그러고 보니 아내의 거동 역시 평소와는 다른 데가 있어 보였다.
출처 : 『바람의 집』 이동하

문책

잘못을 묻고 꾸짖음.

• **교과서 속 문장**

사상범을 옥사시킨 경우는 책임자까지 큰 **문책**이 온다는 것을 훨씬 후에야 그가 안 일이다.

출처 : 『꺼삐딴 리』, 전광용, 중3-2 국어

 함께 알면 좋은 어휘

인책(引責) : 잘못된 일의 책임을 스스로 지는 것.

 유의어

나무람, 징계, 책망

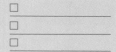

심산

마음속 궁리나 계획.

- 교과서 속 문장

    화를 누르고 한번 놀려 줄 **심산**으로 어슬렁어슬렁 잔치판으로 걸어 들
    어갔다.

    출처 : 『춘향전』 작자 미상, 중2-2, 3-1 국어

일반 예문

친구는 도대체 무슨 심산인지 집에 갈 생각을 하지 않았다.

같은 말 다른 뜻

심산(深山) : 깊은 산

☐
☐
☐

향유

누리어 가짐.

- **교과서 속 문장**

여성과 어린이가 점차로 자신의 권리를 찾고 **향유**하게 되었듯이 동물 역시 그들이 누려야 할 마땅한 권리라는 것이 있다면 앞으로 점점 더 많은 권리를 누리게 될 것이다.

출처 : 『동물을 사랑하면 철학자가 된다』 이원영, 중3-2 국어

 같은 말 다른 뜻

향유(香油) : 향기로운 냄새가 나는 기름. 주로 머리치장에 씀.

 한자어 풀이

누릴 향(享) / 있을 유(有)

 유의어

영위

심란하다

마음이 안정되지 못하여 불안하다.

- 교과서 속 문장

"지화자, 두둥실, 좋다." 하는 소리에 어사또 마음이 **심란하다**.

출처 : 『춘향전(春香傳)』, 작자 미상, 중2-2, 3-1 국어

작품 알기 : 고전소설 『춘향전』

조선시대 한글소설이며 판소리계 소설. 양반 이몽룡과 기생의 딸 춘향의 신분을 초월한 사랑 이야기로, 해학적이고 풍자적이며 조선 후기의 평민 의식을 담고 있는 작품. 작자와 정확한 창작 시기는 알 수 없으나, 예부터 전해지던 설화가 판소리로 불리다가 소설로 정착된 것으로 보인다.

유의어

걱정스럽다, 뒤숭숭하다, 산란하다

☐
☐
☐

오존층

오존을 많이 포함하고 있는 대기층.

• 교과서 속 문장

저는 **오존층**의 구멍 때문에 햇빛 속으로 나가기가 두렵습니다.

출처 : 「세상의 모든 어버이들께」 세번 스즈키, 중2-1 국어

 작품 알기 : 「세상의 모든 어버이들께」

1992년 리우 회의에서 캐나다의 환경운동가인 세번 스즈키가 발표한 연설문. 환경·전쟁·빈곤 문제의 심각성을 이야기하며, 지구 환경을 보호하고 전쟁과 빈곤이 없는 세상을 만들기를 바란다는 내용이다.

 더하기 상식

오존(Ozone, O₃) : 3원자의 산소로 된 푸른 빛의 기체. 상온에서 분해되어 산소가 된다. 산화력이 강하여 표백제, 살균제로 쓰인다.

 한자어 풀이

오존(Ozone) / 층 층(層)

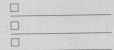

8월 19일

측면

앞뒤에 대하여 왼쪽이나 오른쪽의 면.
또는 사물이나 현상의 한 부분. 혹은 한쪽 면.

· **교과서 속 문장**

좀 더 자세하게 말하면 문은 기능의 **측면**과 동시에 상징의 **측면**도 가지
고 있다.

출처 : 『건축 속 재미있는 과학 이야기』 이재인, 중1-1 국어

 함께 알면 좋은 어휘

· 정면(正面) : 똑바로 마주 보이는 면. 사물에서 앞쪽으로 향한 면.
· 후면(後面) : 향하고 있는 방향의 반대되는 쪽의 면.

 한자어 풀이

곁 측(側) / 낯 면(面)

 유의어

곁, 옆, 부분, 분야

☐
☐
☐

지성이면 감천

정성이 지극하면 하늘도 감동한다는 뜻. 무슨 일에든 정성을
다하면 매우 어려운 일이라도 잘 풀려 좋은 결과를 맺는다는 말.

• **교과서 속 문장**

이인국 박사는 **지성이면 감천**이라고, 나의 처세법은 유에스에이에서도
통하는구나 하는 기고만장한 기분이었다.

출처 : 『꺼삐딴 리』, 전광용, 중3-2 국어

함께 알면 좋은 속담

· 정성이 지극하면 돌 위에 풀이 난다.
· 공든 탑이 무너지랴?

유의어

우공이산(愚公移山) : '우공이 산을 옮긴다'라는 뜻. 한 가지 일을 포기하지 않고 끝
까지 하면 언젠가는 해낼 수 있다는 말.

☐ _____
☐ _____
☐ _____

포착

꼭 붙잡음. 요점이나 요령을 얻음.

• 교과서 속 문장

우선 기자의 머리에 호르몬과 뇌파의 변화를 **포착**할 수 있는 스트레스 측정기를 부착했다.

출처 : 『과학카페1』, KBS <과학카페> 제작팀, 중3-1 국어

일반 예문

어둠 속에서 적군의 움직임이 포착되었다.

한자어 풀이

잡을 포(捕) / 잡을 착(捉)

유의어

파착, 파악, 터득

5월 15일

피난민

전쟁이나 재난을 피하여 가는 백성.

• 교과서 속 문장

한 떼거리의 **피난민**들이 머물다 떠난 자리에 소녀는 마치 처치하기 곤란한 짐짝처럼 되똑하니 남겨져 있었다.

출처 : 『기억 속의 들꽃』 윤흥길, 중3-2 국어(다림)

 작품 알기 : 현대소설 『기억 속의 들꽃』

6·25 전쟁을 배경으로 한 단편소설. 소설 속 공간은 전라북도 익산 지역 만경강 다리 근처에 있는 한 시골 마을이다. 전쟁으로 인하여 점점 피폐해져 가는 인간의 모습을 순수한 어린아이의 시선으로 풀어냄으로써 인간이 추구해야 할 바람직한 가치가 무엇인지 잘 보여주는 작품.

 다른 작품 속 예문

교각과 아치만이 남은 철교 위에 피난민들이 하얗게 기어올랐다.
출처 : 『한씨연대기』 황석영, 문학동네

☐ _____
☐ _____
☐ _____

절세가인

이 세상에 비교할 만한 사람이 없을 정도로 뛰어난 미인.

• **교과서 속 문장**

계화가 들어가 보니 전에 없던 **절세가인**이 방 안에 앉아 있었다.

출처 : 『박씨전』 작자 미상, 중3-1 국어

 다른 작품 속 예문

절세가인을 닮아서 자태 용모가 수려하고, 듣기로는 재능 또한 발군이라 하니, 송유섭은 과히 송씨 가문의 주옥이오.
출처 : 『토지』 박경리

 한자어 풀이

끊을 절(絶) / 세상 세(世) / 아름다울 가(佳) / 사람 인(人)

서까래

마룻대에서 도리(서까래를 받치기 위하여 기둥 위에 건너지르는 나무)**또는 보**(건물 혹은 구조물의 형틀 부분을 구성하는 수평부재)**에 걸쳐 지른 나무.**

• 교과서 속 문장

돌산을 뚫느라고 멀리서 터뜨리는 남포의 소리처럼 은은한 포성이 울릴 때마다 집 안의 기둥이나 **서까래**가 울고 흙벽이 떨었다.

출처 : 『기억 속의 들꽃』 윤흥길, 중3-2 국어

 함께 알면 좋은 속담

기둥보다 서까래가 더 굵다 : 주(主)가 되는 것과 그에 따르는 것의 순서가 바뀌어 사리(事理, 일의 이치)에 어긋남을 비유적으로 이르는 말.

 다른 작품 속 예문

칡으로 서까래를 얽고 나흘 뒤에는 억새로 지붕을 덮었다.
출처 : 『메아리』 오영수

☐ _____
☐ _____
☐ _____

슬하

무릎의 아래라는 뜻으로, 부모의 보호를 받는 범위 안을 이름.

· 교과서 속 문장

상공께서는 제 못난 딸을 더럽다 않으시고 지금까지 **슬하**에 두셨습니다.

출처 : 『박씨전』 작자 미상, 중3-1 국어

다른 작품 속 예문

불초녀는 아버님의 슬하를 영구히 떠나는 이 자리에서 한마디 마지막 글월을 올리나이다.

출처 : 『고향』 이기영

유의어

그늘, 보살핌, 품

☐
☐
☐

포성

대포를 발사할 때 나는 소리.

• 교과서 속 문장

포성과 포성의 사이사이를 뚫고 피난민의 행렬이 줄지어 밀어닥쳤다.

출처 : 『기억 속의 들꽃』, 윤흥길, 중3-2 국어

 다른 작품 속 예문

어둠이 무섭고 포성이 무섭고 전쟁과 적과 혼자라는 것이 무서웠다.
출처 : 『육이오』, 홍성원

 유의어

포음, 폿소리

회포

마음속에 품은 생각이나 정(情).

· 교과서 속 문장

상공이 술과 안주를 내어 대접하며 처사와 함께 그간 만나지 못한 **회포**
를 풀었다.

출처 : 『박씨전』 작자 미상, 중3-1 국어

 다른 작품 속 예문

옛날에 놀던 사람을 다시 만나매 옛 회포가 다시 새롭기도 새롭거니와 그렇게까지
자기의 사정을 자세히 아는 것이 이상하였다.
출처 : 『어머니』 나도향

 유의어

감회, 생각, 심정

□
□
□

폭격

비행기에서 폭탄을 투하하여 적군이나 적의 시설물 등을
파괴하는 일.

• 교과서 속 문장

만경강 다리가 무시무시한 **폭격**에 의해 허리를 잘리고 난 그 이튿날이
었다.

출처 : 『기억 속의 들꽃』, 윤흥길, 중3-2 국어

 일반 예문

공군의 폭격이 시작되자 도시 이곳저곳이 화염에 휩싸였다.

 한자어 풀이

터질 폭(爆) / 칠 격(擊)

문안

웃어른께 안부를 여쭙는 것.

· 교과서 속 문장

시백 역시 의관을 갖추고 처사에게 **문안**을 드렸다.

출처 : 『박씨전』 작자 미상, 중3-1 국어

다른 작품 속 예문

여러 사람의 문안을 받을 때는 말없이 고개만 끄덕이었다.
출처 : 『임꺽정』 홍명희, 사계절

같은 말 다른 뜻

· 문안(文案)① : 나중에 검토하거나 참고할 문서.
· 문안(門安)② : 문의 안쪽.

☐
☐
☐

소멸

사라져 없어짐.

• 교과서 속 문장

지금 우리는 날마다 동식물이 사라지고 있다는, 그들이 영원히 **소멸**되고 있다는 소식을 듣고 있습니다.

출처 : 「세상의 모든 어버이들께」 세번 스즈키, 중2-1 국어

 일반 예문

우리의 문화유산이 소멸되지 않도록 늘 관심을 갖고 지켜나가야 할 것이다.

 한자어 풀이

사라질 소(消) / 꺼질 멸(滅)

 유의어

소실, 시멸, 소망(消亡)

☐ _____
☐ _____
☐ _____

액운

액(악운)을 당할 운수.

• 교과서 속 문장

이제 너의 **액운**은 다하였다.

출처 : 『박씨전』 작자 미상, 중3-1 국어

 다른 작품 속 예문

세상에 부러울 것 없는 정 사장에게 그의 존재는 쳐낼 수도 물리칠 수도 없는 액운
이고 횡액이었다.
출처 : 『태백산맥』 조정래, 해냄

 유의어

불운, 악운, 액

☐
☐
☐

수온

물의 온도.

• 교과서 속 문장

동해의 표층 **수온**이 변한 것도 원인으로 추정한다.

출처 : 《과학동아(2017년 3월호)》, 중2-1 국어(동아사이언스)

 더하기 상식

라니냐(La Nina) : 적도 부근의 동부 태평양에서 해면의 수온이 비정상적으로 낮아지는 현상. 적도 부근의 편동풍이 강해져 온난한 수역이 서쪽으로 이동하면서 심해의 찬물이 상승하여 일어난다. 이 현상은 지구의 기온을 하강시킬 수 있다.

 한자어 풀이

물 수(水) / 따뜻할 온(溫)

 함께 알면 좋은 어휘

지온(地溫) : 땅의 겉면이나 땅속의 온도

☐ _____
☐ _____
☐ _____

입력

문자나 숫자를 컴퓨터가 기억하게 하는 일.

- 교과서 속 문장

  퍼지 이론으로 '출발'과 '멈춤' 사이에 기준을 여러 개 **입력**해서 속도를
  다양하게 조절할 수 있도록 만들었기 때문이다.

  출처 : 『수와 문자에 대한 최소한의 수학지식』 염지현, 중2-2 국어

 더하기 상식

입력은 영어로 '인풋(Input)'과 같은 의미로 생활 속에서도 많이 사용된다. 반의어인
출력은 '아웃풋(Output)'이라고 한다.

 한자어 풀이

들 입(入) / 힘 력(力)

 반의어

출력

☐
☐
☐

바투

두 대상의 사이가 썩 가깝게.

• 교과서 속 문장

아직은 제법 멀지막이서 노는 줄로 알았던 전쟁이란 놈이 어느새 어깨동무라도 하려는 기세로 **바투** 다가와 있었으므로 우리 마을도 이젠 안심할 수가 없게 되었다.

출처 : 『기억 속의 들꽃』 윤흥길, 중3-2 국어

다른 작품 속 예문

그는 농구화의 코끝을 적실 듯이 찰랑대는 물가에 바투 붙어 섰다.
출처 : 『완장』 윤흥길

유의어

가까이, 가직이, 바싹

적용

알맞게 이용하거나 맞추어 씀.

• 교과서 속 문장

오늘날 퍼지 이론은 전자 제품뿐만 아니라 다른 분야에도 **적용**되고 있다.

출처 : 『수와 문자에 대한 최소한의 수학지식』 염지현, 중2-2 국어

 일반 예문

수학 시간에 배운 공식을 문제에 바로 적용하였다.

 한자어 풀이

갈 적(適) / 쓸 용(用)

 유의어

이용, 사용, 활용

간드러지다

목소리 등이 예쁘고 애교가 있으며 맵시 있게 가늘고 부드럽다.

- **교과서 속 문장**

  생판 모르는 녀석이 **간드러진** 소리로 나를 부르고 있었다.

  출처 : 『기억 속의 들꽃』 윤흥길, 중3-2 국어

다른 작품 속 예문

포기 군데군데 간드러진 제비꽃이 고개를 들고 섰다.
출처 : 『쑥국새』 채만식

유의어

건드러지다, 부드럽다, 야들야들하다

☐ _____
☐ _____
☐ _____

채비

어떤 일을 위하여 미리 갖추어 차리거나 그렇게 되게 함.

• 교과서 속 문장

내일 **채비**를 해줄 테니 부디 무사히 다녀오너라.

출처 : 『박씨전』 작자 미상, 중3-1 국어

 함께 알면 좋은 속담

채비 사흘에 용천관(龍川關) 다 지나겠다 : 준비만 하다가 정작 해야 할 일을 못 하는 경우를 비유적으로 이르는 말.

 다른 작품 속 예문

어서 대궐로 드실 채비를 차리시지요.
출처 : 『대한 제국』 유주현

5월 23일

솔개가 병아리를 채듯이

재빠르게 센 힘으로 빼앗거나 훔치는 것을 비유적으로 이름.

• 교과서 속 문장

솔개가 병아리를 채듯이 서울 아이의 손에서 금반지를 낚아채어 어머니는 한참을 침떠보고 내립떠보는가 하면 헛바닥으로 침을 묻혀 무명 저고리 앞섶에 싹싹 문질러 보다가 나중에는 이빨로 깨물어 보기까지 했다.

출처 : 『기억 속의 들꽃』 윤흥길, 중3-2 국어

 함께 알면 좋은 속담

솔개가 뜨자 병아리 간 곳 없다 : 솔개가 뜨자 병아리가 모두 숨는다는 뜻으로, 무섭고 힘센 존재가 나타나면 약하고 힘없는 것은 달아나버림을 이르는 말.

 다른 작품 속 예문

두 젊은이는 멸치 장수를 소리개(솔개) 병아리 채듯 낚아 (…) 골목으로 끌고 갔다.
출처 : 『녹두장군』 송기숙, 시대의창

☐ _____
☐ _____
☐ _____

길흉화복

길흉(운이 좋고 나쁨)과 화복(재앙과 복)을 함께 이르는 말.

• 교과서 속 문장

사람의 **길흉화복**은 하늘에 달린 것이라 인력으로는 어찌할 수 없다.

출처 : 『박씨전』 작자 미상, 중3-1 국어

 다른 작품 속 예문

정확하게 담당 구역이 정해진 건 아니겠지만 몇 개 동네에 한 집씩 동네 사람들의
길흉화복을 건사해 줄 무당 집이 있게 마련이었다.
출처 : 『그 많던 싱아는 누가 다 먹었을까』 박완서

 한자어 풀이

길할 길(吉) / 흉할 흉(凶) / 재앙 화(禍) / 복 복(福)

5월 24일

□
□
□

머슴

주로 농가에서 그 집의 농사일과 잡일을 해주고
대가를 받는 노동자.

• 교과서 속 문장

오래지 않아 명선이를 **머슴**으로 부리려던 어머니는 깨끗이 포기했다.

출처 : 『기억 속의 들꽃』, 윤흥길, 중3-2 국어

 다른 작품 속 예문

이튿날 훤하게 동이 틀 무렵에, 편지를 써서 머슴에게 자전거를 내주어, 읍내에 급
보를 하였다.
출처 : 『상록수』, 심훈

 함께 알면 좋은 속담

주인 배 아픈데 머슴이 설사한다 : 남의 일로 인하여 공연히 벌을 받거나 손해를 입
는다는 뜻.

독수공방

혼자서 지내는 것.

• 교과서 속 문장

집안의 대소사에 참여하지 못할 뿐 아니라 오늘같이 기쁜 날에도 **독수공방**만 하고 계시니 곁에서 지켜보는 소인조차도 슬픔을 이길 수 없을 듯합니다.

출처 : 『박씨전』 작자 미상, 중3-1 국어

함께 알면 좋은 속담

독수공방에 정든 님 기다리듯 : 홀로 빈방을 지키며 사랑하는 사람이 오기만을 기다린다는 뜻으로, 무언가를 간절한 마음으로 바라는 상태를 비유적으로 이르는 말.

한자어 풀이

홀로 독(獨) / 지킬 수(守) / 빌 공(空) / 방 방(房)

☐
☐
☐

으름장을 놓다

상대방이 겁을 먹도록 위협적인 말이나 행동으로 위협하다.

• 교과서 속 문장

그날 밤에 아버지는 명선이를 안방으로 불러 아랫목에 앉혀 놓고 밤늦
도록 타일러도 보고 **으름장을 놓아** 보았다.

출처 : 『기억 속의 들꽃』 윤흥길, 중3-2 국어

 다른 작품 속 예문

서림이가 죄를 얽어서 으름장을 놓으니 그 선비는 행악한 일 없다고 누누이 발명하
고(죄나 잘못이 없음을 말하여 밝힘)…
출처 : 『임꺽정』 홍명희, 사계절

 유의어

공갈, 위협, 윽박

소견

어떤 일이나 사물을 보고 가지게 되는 생각이나 의견.

- **교과서 속 문장**

  부인의 **소견**이 아무리 얕고 짧다고 한들, 어찌 그렇게 가벼운 말을 하는
  것이요?

  출처 : 『박씨전』 작자 미상, 중3-1 국어

다른 작품 속 예문

여러 두령님 앞에 심히 외람되오나 대접주님의 지명이시니 우매한 소견을 말씀드
릴까 하옵니다.
출처 : 『녹두장군』 송기숙, 시대의창

유의어

견해, 생각, 소감

성체

다 자라서 생식 능력이 있는 동물. 또는 그런 몸.

• **교과서 속 문장**

이렇게 부화한 어린 고기를 건강한 **성체**로 잘 사육해서 다시 수정란을 얻는다.

출처 : 《과학동아(2017년 3월호)》, 중2-1 국어

 더하기 상식

유생(幼生) : 변태하는 동물의 어린것. 배(胚, 발생 초기의 어린 생물)와 성체의 중간 시기로 독립된 생활을 영위하며, 성체와 현저하게 다른 모양과 습성을 가진다.

 한자어 풀이

이룰 성(成) / 몸 체(體)

 함께 알면 좋은 표현

생식능력 : 동물의 암컷이 지니고 있는 잠재적인 난자 생산 능력.

경사

축하할 만한 기쁜 일.

- **교과서 속 문장**

  오늘 이 **경사**는 평생에 두 번 보지 못할 **경사**입니다.

  출처 : 『박씨전』 작자 미상, 중3-1 국어

 같은 말 다른 뜻

- 경사(傾斜)① : 비스듬히 기울어진 상태.
- 경사(警査)② : 경찰 공무원의 계급 중 하나.

 다른 작품 속 예문

분열이가 처음으로 제주가 되어 조상에게 고축하는 차례는 엄숙하고도 경사스러웠다.
출처 : 『미망』 박완서

☐
☐
☐

양식

물고기나 해조, 버섯 따위를 인공적으로 길러서 번식하게 함.

・ 교과서 속 문장

완전 **양식**은 명태를 인공적으로 키워 종자를 생산하는 기술이다.

출처 : 《과학동아(2017년 3월호)》, 중2-1 국어

 같은 말 다른 뜻

・양식(樣式)① : 일정한 모양이나 형식. 오랜 시간이 지나면서 자연히 정해진 방식.
・양식(糧食)② : 생존을 위하여 필요한 사람의 먹을거리. 또는 지식이나 물질, 사상 따위의 원천이 되는 것을 비유적으로 이르는 말.

 한자어 풀이

기를 양 (養) / 불릴 식 (殖)

 반의어

자연산 : 양식한 것이 아니라 자연에서 저절로 생산되는 것.

☐ _____
☐ _____
☐ _____

설정

새로 만들어 정해둠.

- **교과서 속 문장**

  퍼지 이론이 적용된 에어컨은 대부분의 사람들이 시원함을 느낄 수 있
  는 18도로 온도를 **설정**한다.

  출처:『수와 문자에 대한 최소한의 수학지식』 염지현, 중2-2 국어

일반 예문

올해는 열심히 공부해서 전교 10등 안에 들어가는 것을 목표로 설정하였다.

한자어 풀이

베풀 설(設) / 정할 정(定)

유의어

수립, 장치, 정립

돼지 멱따는 소리

듣기가 아주 싫도록 꽥꽥 목청을 높여 내는 소리.

• **교과서 속 문장**

우리가 그 애를 찾아낸 것이 아니라 그 애가 **돼지 멱따는 소리**로 한바탕
비명을 질러 사람들을 불러 모은 결과였다.

출처 : 『기억 속의 들꽃』, 윤흥길, 중3-2 국어

 함께 알면 좋은 속담

돼지 목에 진주 목걸이 : 가치를 모르는 사람에게는 보물도 소용이 없음을 이르는 말.

 다른 작품 속 예문

첨에는 돼아지('돼지'의 방언) 멱따는 소리를 듣고 있제 못 듣겄등마는
출처 : 『녹두장군』, 송기숙, 시대의창

센서

여러 가지 물리량(物理量), 소리·빛·온도·압력 따위를
검출하는 소자(素子). 또는 그 소자를 갖춘 기계 장치.

• 교과서 속 문장

퍼지 이론이 적용된 에어컨은 현재 실내 온도를 측정하는 **센서**를 이용
하여 명령어를 처리한다.

출처 : 『수와 문자에 대한 최소한의 수학지식』 염지현, 중2-2 국어

 더하기 상식

퍼지 이론(Fuzzy Theory) : 논리의 값이 참(1) 또는 거짓(0)의 양자택일이 아닌 0에
서 1 사이의 값을 연속적으로 취하는 논리에 의하여 구성되는 수학 이론. 자연 언어
에서 볼 수 있는 애매함을 다룰 수 있다. 즉 불확실한 양상을 수학적으로 다루는 이
론으로, 시스템 제어나 컴퓨터 따위에 응용한다.

 순화어

감지기

☐
☐
☐

무남독녀

아들이 없는 집안의 하나뿐인 딸.

• 교과서 속 문장

자기네가 혹 난리 바람에 무슨 일이라도 당허게 되면 **무남독녀** 혈육을
잘 부탁헌다고.

출처 : 『기억 속의 들꽃』 윤흥길, 중3-2 국어

 다른 작품 속 예문

무남독녀 외딸에 지참금은 적어도 오백 석은 되겠다.
출처 : 『삼대』 염상섭

 유의어

외동딸, 외딸

천하

하늘 아래 온 세상.

- **교과서 속 문장**

  계화에게 이 말을 들은 시백이 연적을 들어 찬찬히 살펴보니 **천하**에 둘 도 없는 보배였다.

  출처 : 『박씨전』 작자 미상, 중3-1 국어

다른 작품 속 예문

최 참판네 세도가 도도한 것은 천하가 다 아는 일이오만 죄 없는 사람 누명 씌우는 짓만은 못 할 거요!
출처 : 『토지』 박경리

함께 알면 좋은 속담

천하를 얻은 듯하다 : 매우 기쁘고 만족스러움을 이르는 말.

빈탕

땅콩·호두와 같이 껍데기가 딱딱한 열매 속에 알맹이 없이 빈 것.
또는 실속 없는 것을 비유적으로 이르는 말.

• 교과서 속 문장

팥을 넣어 아무리 더듬어도 **빈탕**이다.

출처 : 『하늘은 맑건만』 현덕, 중1-2 국어

 작품 알기 : 현대소설 『하늘은 맑건만』

1930년대 일제강점기의 어느 마을을 배경으로 한 단편소설. 양심의 가책과 친구의
유혹 사이에서 괴로워하는 소년의 상황을 통해 정직하게 사는 삶의 중요성을 보여
주는 작품.

 다른 작품 속 예문

그는 공작새와 같이 자기의 외모는 잘 꾸미고 있으나 속은… 빈탕이 아니던가?
출처 : 『신개지』 이기영

영화

몸이 귀하게 되어 이름이 세상에 빛남.

• 교과서 속 문장

크게 출세하여 이름을 떨치거든 부모님께 **영화**를 보이고 가문을 빛내
십시오.

출처 : 『박씨전』 작자 미상, 중3-1 국어

같은 말 다른 뜻

· 영화(映畵)① : 움직이는 대상을 촬영하여 영사기로 영사막에 재현하는 종합 예술.
· 영화(英華)② : 겉으로 드러나는 아름다운 색채.

다른 작품 속 예문

돈이나 권세나 세상의 모든 영화는 우리의 육신과 함께 잠깐 머무나 곧 지나가는
것이니라.
출처 : 『사반의 십자가』, 김동리

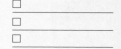

연하다

어떤 행위나 현상이 끊임없이 계속 이어지다.

- 교과서 속 문장

  그러면서 **연해** 숙모의 눈치를 살핀다.

  출처 : 『하늘은 맑건만』 현덕, 중1-2 국어

 일반 예문

며칠을 연하여 가슴이 몹시 무겁다가 그것이 마침내 식체와 같이 거북하고 답답하게 되는 때는 저는 뜻없이 거리를 나갑니다.
출처 : 『광염소나타』 김동인

 같은 말 다른 뜻

연(軟)하다 : 재질이 무르고 부드럽다.

□
□
□

추상같다

위엄이 있고 서슬이 푸르다.

- 교과서 속 문장

  추상같이 고함을 지르니 계화가 무안한 마음으로 돌아와 박씨에게 그 말을 전했다.

  출처 : 『박씨전』 작자 미상, 중3-1 국어

 다른 작품 속 예문

장군은 발을 구르며 눈을 부릅뜨 장검으로 뱃머리를 치면서 추상같은 호통을 친다.
출처 : 『임진왜란』, 박종화, 달궁

 유의어

매섭다, 엄하다, 준열하다

6월

8월

분주하다

몹시 바쁘고 수선스럽다.

- 교과서 속 문장

  허나 그는 다음 사람의 고기를 베느라 **분주하다**.

  출처 : 『하늘은 맑건만』 현덕, 중1-2 국어

 다른 작품 속 예문

점방 한구석에서 장희 내외가 평상에 마주 앉아서 조그만 철궤와 돈 상자를 가운데 놓고 돈을 세기에 분주하다.
출처 : 「늙는 것도 서러운데」 염상섭

 유의어

동분서주하다, 바쁘다, 광분하다

□
□
□

연적

먹을 갈 때 쓰는 벼룻물을 담아 두는 그릇.

• 교과서 속 문장

그 꽃 위로는 벌과 나비가 날아오르고 꽃 아래에는 백옥으로 만든 **연적**
이 놓여 있었다.

출처: 『박씨전』 작자 미상, 중3-1 국어

 더하기 상식

연적(硯滴)은 먹을 갈 때 벼루에 적당한 양의 물을 공급해주는 용기로, 물이 나오는
구멍과 공기가 들어가는 구멍 두 개가 있는데 이를 통해 물의 흐름을 제어할 수 있
다. 물을 벼루에 따를 때는 위쪽의 구멍을 손가락으로 막고 연적을 기울인 후, 떼었
다 막았다 하며 물을 조절하면 된다.

 유의어

수승, 수적, 수중승

주리다

제대로 먹지 못하여 배를 곯다.

• 교과서 속 문장

식물이 제대로 자라지 못하면 먹을 것이 더 줄어들 텐데도 사슴들은 당
장 **주린** 배를 채우는 게 급했어요.

출처 : 『생명, 알면 사랑하게 되지요』 최재천, 중1-1 국어

 함께 알면 좋은 속담

주린 개 뒷간 넘겨다보듯 : 배가 몹시 고픈 사람이 무엇이고 먹을 것을 찾기 위해 여
기저기 기웃거림을 비유적으로 이르는 말.

 일반 예문

주인이 없는 강아지가 배를 주리고 있는 모
습을 보니 무척 안쓰러웠다.

 유의어

굶다, 굶주리다, 곯다, 배곯다, 허기지다

□
□
□

태평

세상이 안정되어 아무 걱정 없고 평안함.

• 교과서 속 문장

시절이 **태평**하고 농사는 풍년이 들어 백성들의 삶이 더욱 편안해졌다.

출처 : 『박씨전(朴氏傳)』 작자 미상, 중3-1 국어

 작품 알기 : 고전소설 『박씨전』

조선시대 작품으로 숙종 때 발간된 것으로 알려져 있으며, 주인공의 활약상을 주로
그린 대표적 영웅(군담)소설. 병자호란을 역사적 배경으로 하며, 여성을 주인공으
로 청나라에 복수를 하는 호국적 내용을 담고 있다.

 다른 작품 속 예문

사람들은 이미 고생문을 통과해 버린 사람답게 태평스럽고 무관심스러워 보였다.
출처 : 『도시의 흉년』 박완서

☐ _____
☐ _____
☐ _____

포식

다른 동물을 잡아먹음.

• 교과서 속 문장

사슴을 잡아먹는 **포식** 동물이 사라졌으니 자연스럽게 사슴의 수가 늘어난 겁니다.

출처 : 『생명, 알면 사랑하게 되지요』 최재천, 중1-1 국어

 더하기 상식

동물 : 생물계의 두 갈래(동물계, 식물계) 가운데 하나. 사람을 제외한 길짐승·날짐승·물짐승 따위를 통틀어 이르는 말.

 한자어 풀이

잡을 포(捕) / 먹을 식(食)

 같은 말 다른 뜻

포식(飽食) : 배부르게 먹음.

흉물스럽다

모양이 흉하고 괴상한 데가 있다.

• 교과서 속 문장

흉물스럽게 버려진 플라스틱 쓰레기는 자연 경관을 해쳐 관광 산업에도 피해를 주며, 선박의 안전도 위협한다.

출처 : 『지구인의 도시 사용법』 박경화, 중3-2 국어

일반 예문

사람의 손이 가지 않은 지 오랜 시간이 지난 빈집 한 채가 흉물스럽게 방치되어 있었다.

한자어 풀이

흉할 흉(凶) / 물건 물(物)

유의어

흉하다

☐
☐
☐

놀리다

기기나 장치를 작동시키거나 사용하다.

· 교과서 속 문장

조그만 환등 기계 한 틀을 사자는 것이다. 이것을 **놀려** 아이들에게 일 전씩 받고 구경을 시킨다.

출처 : 『하늘은 맑건만』 현덕, 중1-2 국어

 같은 말 다른 뜻

· 놀리다① : 어떤 약점을 잡아 웃음거리로 만들다.
· 놀리다② : 놀이 등을 하며 즐겁게 지내게 하다. '놀다'의 사동사.

 함께 알면 좋은 표현

펜대를 놀리다 : 관용어구로 '글을 쓰는 일에 종사하다'라는 뜻.

☐
☐
☐

분해

여러 부분이 결합되어 이루어진 것을 그 낱낱으로 나눔.
한 종류의 화합물이 두 가지 이상의 간단한 화합물로 변화함.

• 교과서 속 문장

어떤 전문가들은 플라스틱이 **분해**되는 기간을 정확히 알 수 없다고도
말한다.

출처 : 『지구인의 도시 사용법』 박경화, 중3-2 국어

 한자어 풀이

나눌 분(分) / 풀 해(解)

 유의어

해체, 분리, 해리

 반의어

합성

손이 맞다

생각이나 방법 따위가 서로 잘 통하다.

• 교과서 속 문장

이래서 두 소년은 마침내 **손이 맞고** 말았다.

출처 : 『하늘은 맑건만』 현덕, 중1-2 국어

 다른 작품 속 예문

처음부터 서로 믿고 손이 맞아서, 일을 하여 오던 동지에게 배반을 당하고, 부모의 골육을 나눈, 단지 한 사람인 친동생은, 만리타국으로 탈수한 후, 생사를 알 길 없는데…

출처 : 『상록수』 심훈

 함께 알면 좋은 사자성어

표리상응(表裏相應) : 안팎에서 서로 손이 맞음.

훼방

남의 일을 간섭하고 막아 해를 줌.

- **교과서 속 문장**

  봄뫼가 암탉 기르는 일을 **훼방** 놓지 말고 도와주렴.

  출처 : 「달걀은 달걀로 갚으렴」 박완서, 중2-2 국어

 다른 작품 속 예문

이런 중요한 시기에 작은댁 잘되도록 도와주기는커녕 오히려 훼방만 놓고 다니는
게 무슨 동기간(형제자매 사이)이냐.
출처 : 「거룩한 응달」, 최일남

 유의어

방해, 가로막음

여의다

부모나 사랑하는 사람이 죽어서 이별하다.

• **교과서 속 문장**

일찍이 어머니를 **여의고** 아버지란 사람은 일상 천 냥 만 냥 하고 허한 소리만 하면서 남루한 주제에 거처가 없이 시골 서울로 돌아다니는 사람이고, 어려서부터 문기를 길러 낸 사람이 삼촌이었다.

출처 : 『하늘은 맑건만』 현덕, 중1-2 국어

다른 작품 속 예문

불행하게도 어린 항복은 아홉 살 때 그의 아버지를 여의게 되었다.
출처 : 『임진왜란』 박종화, 달궁

함께 알면 좋은 어휘

여위다 : 몸의 살이 빠지고 말라서 핼쑥해지다.

천대

업신여기어 천하게 대우하거나 푸대접함.

• 교과서 속 문장

그런 달걀이 도시 사람들한테 마구 **천대**받고 웃음거리가 되고 있는 걸
보니까 꼭 제가 업신여김을 당하는 것처럼 분한 생각이 들었어요.

출처 : 「달걀은 달걀로 갚으렴」 박완서, 중2-2 국어

 함께 알면 좋은 속담

낟알 천대를 하면 볼기를 맞는다 : 정성 들여 농사를 지은 낟알을 하찮게 여기며 낭
비하면 크게 혼이 날 것을 비유적으로 이르는 말.

 유의어

박대, 업신여김, 천시

☐
☐
☐

백묵

칠판에 글씨를 쓰는 필기구.

• 교과서 속 문장

학교를 가는 길에 문기가 큰 한길로 나오자 맞은편 판장에 **백묵**으로 커다랗게 "김문기는" 하고 그 밑에 동그라미 셋을 쳐 "○○○ 했다." 하고 써 있다.

출처 : 『하늘은 맑건만』 현덕, 중1-2 국어

 다른 작품 속 예문

까만 출석부와 백묵 갑을 도독한 가슴에 받쳐 든 선생님이 또박또박 걸어 나갔다.
출처 : 『우울한 귀향』 이동하

 유의어

분필, 초크(Chalk), 토필(土筆)

심정

마음에 담고 있는 생각이나 감정.

• 교과서 속 문장

독한 마음은 오래 품고 있을수록 품은 사람의 **심정**만 해할 뿐이란다.

출처 : 「달걀은 달걀로 갚으렴」 박완서, 중2-2 국어

함께 알면 좋은 속담

과부의 심정은 홀아비가 알고 도적놈의 심보는 도적놈이 잘 안다 : 남의 곤란한 처지는 경험자나 현재 비슷한 상황에 처해 있는 사람이 잘 알 수 있다는 것을 비유적으로 이르는 말.

다른 작품 속 예문

제가 이렇게 악담을 퍼붓는 심정도 넉넉히 짐작하시리라 믿습니다.
출처 : 『광장/구운몽』 최인훈, 문학과지성사

다리오금

무릎 뒤쪽의 오목한 부분. '오금'의 충남 지역 방언.

• 교과서 속 문장

철봉 틀 옆에 정신 없이 선 문기를 불시에 **다리오금**을 쳐 골탕을 먹게
했다.

출처 : 『하늘은 맑건만』 현덕, 중1-2 국어

 다른 작품 속 예문

여인은 다리오금이 펴지지 않아 일어서지를 못한다.
출처 : 『후일담』 오영수

 유의어

오금, 곡추, 뒷무릎

☐
☐
☐

비지땀

매우 힘든 일을 할 때 쏟아지는 땀.

• 교과서 속 문장

한뫼는 마지못해 자전거를 고개 위까지 밀어주고 나서 이마의 **비지땀**을 씻는 문 선생님을 딱하다는 듯이 바라보며 어두운 얼굴로 물었습니다.

출처 : 「달걀은 달걀로 갚으렴」 박완서, 중2-2 국어

더하기 상식

'비지땀'의 어원 : 헝겊에 싸서 비지를 짤 때 콩물이 많이 흘러나오는 것을 보고 마치 땀이 흘러나오는 것 같다고 하여 이에 빗대어 표현한 것.

일반 예문

국가대표 선수들이 올림픽을 앞두고 비지땀을 흘리며 훈련에 집중하고 있다.

6월 9일

□
□
□

예측

미리 헤아려 짐작함.

• 교과서 속 문장

그런데 그 **예측**은 보기 좋게 빗나갔어요.

출처 : 『생명, 알면 사랑하게 되지요』 최재천, 중1-1 국어

일반 예문

전문가들은 오늘 축구 경기에서 우리 팀이 이길 것이라고 예측하였다.

한자어 풀이

미리 예(豫) / 헤아릴 측(測)

유의어

예상, 예견, 짐작

채마밭

채마(먹을거리나 입을 거리로 심어서 가꾸는 식물)를 심어 가꾸는 밭.
'나물밭'의 충남 지역 방언.

• 교과서 속 문장

닭은 (…) 쉬지 않고 주둥이로 뭐든지 버릇는 고약한 버릇이 있어 **채마밭**이 남아나지 않는다는 것이 어머니가 닭을 싫어하는 이유였습니다.

출처 : 「달걀은 달걀로 갚으렴」 박완서, 중2-2 국어

 다른 작품 속 예문

아름답고 공기 좋고 비록 남의 땅이긴 하지만 채마밭과 꽃밭이 딸린 연립 주택이 그의 청춘의 총결산이라면 그야 있는 놈이야 비웃겠지.
출처 : 『오만과 몽상』 박완서

 유의어

채소밭, 남새밭, 채소전

☐
☐
☐

희귀하다

드물어서 특이하거나 매우 귀하다.

• 교과서 속 문장

불가사리는 **희귀한** 동물도 간혹 잡아먹었을 테지만, 홍합 같은 흔한 동물을 더 많이 먹어 치웠을 테니까요.

출처 : 『생명, 알면 사랑하게 되지요』 최재천, 중1-1 국어

 유의어

진귀하다, 드물다, 진기하다, 품귀하다, 귀하다

 한자어 풀이

드물 희(稀) / 귀할 귀(貴)

 반의어

흔하다, 허다하다, 예사롭다,
수두룩하다

□
□
□

추출

전체 속에서 어떤 물건·생각·요소 따위를 뽑아냄.
또는 고체 및 액체의 혼합물에 용매(溶媒)를 가하여
혼합물 속의 어떤 물질을 용매에 녹여 뽑아내는 일.

• 교과서 속 문장

  플라스틱은 석유에서 **추출**한 원료를 결합하여 만든 고분자 화합물의
  한 종류이다.

  출처 : 『지구인의 도시 사용법』 박경화, 중3-2 국어(휴)

 더하기 상식

용매 : 어떤 액체에 물질을 녹여서 용액을 만들 때 그 액체를 가리키는 말. 액체에
액체를 녹일 때는 많은 쪽의 액체를 이른다.

 한자어 풀이

뽑을 추(抽) / 날 출(出)

 일반 예문

이 향수는 장미꽃에서 향을 추출했다.

낙방

시험이나 모집, 선거 등에 응하였다가 떨어짐.

• 교과서 속 문장

일본 정치 때, 혈서로 지원병을 지원했다 체격검사에 키가 제 척수(치수)에 차지 못해 **낙방**이 되었다면, 그래서 땅을 치고 울었다면 얼마나 작은 키인 것은 알 일이다.

출처 : 『이상한 선생님』 채만식, 중2-1 국어

 작품 알기 : 단편소설 『이상한 선생님』

일제강점기부터 해방 전후를 배경으로 한 작품. 해방 전후를 둘러싼 혼란한 사회 속에서 자신에게 유리한 쪽으로 입장을 바꾸는 어른(기회주의자)을 어린아이인 '나'의 시선으로 보여주는 풍자소설.

 유의어

낙과, 낙선, 낙제

☐ _____
☐ _____
☐ _____

발전

더 낫고 좋은 상태나 더 높은 단계로 나아감.

· 교과서 속 문장

앞으로 전통 발효 식품을 **발전**시킬 방법도 생각해 보면서 말이다.

출처 : 『맛있는 과학4』 진소영, 중2-1 국어

 같은 말 다른 뜻

발전(發電) : 전기를 일으킴.

 한자어 풀이

필 발(發) / 펼 전(展)

 유의어

진보, 성장, 발달

경을 치다

호된 꾸지람을 듣거나 벌을 받다.

- **교과서 속 문장**

  학교에서고, 밖에서고 조선말로 말을 하다 선생님한테 들키는 날이면 **경을 치는** 판이었다.

  출처 : 『이상한 선생님』 채만식, 중2-1 국어

더하기 상식

'경을 치다'의 어원 : 과거에는 하룻밤을 초경·이경·삼경·사경·오경이라는 기준으로 나누고 북을 쳐서 시간을 알렸다. 12시인 삼경이 되면 28번의 북을 치고 사대문을 잠근 후 통행을 금지했는데, 만약 돌아다니다 잡히면 끌려가서 심문을 받고 오경에 풀려났다. 이렇게 잡혔다 풀려나는 동안 경을 치르고 나왔다고 해서 생겨난 말이다.

함께 알면 좋은 속담

경을 팥 다발같이 치다 : 호되게 고통을 겪음을 이르는 말.

여비

여행에 드는 비용.

• 교과서 속 문장

아이들이 스스로 **여비**를 벌어서 여행을 가게 하는 것이었습니다.

출처 : 「달걀은 달걀로 갚으렴」 박완서, 중2-2 국어

 다른 작품 속 예문

논밭을 팔아 여비를 마련하는 사람이 부쩍 많아져 어디서는 그 때문에 땅값이 떨어졌다는 소문이 날 지경이었다.
출처 :『녹두장군』 송기숙, 시대의창

 유의어

노잣돈, 길비용, 노비

형국

어떤 일이 일어나거나 진행된 형편이나 국면.

• 교과서 속 문장

마치 큰 수캐와 조그만 고양이가 마주 만난 **형국**이었다.

출처 : 『이상한 선생님』 채만식, 중2-1 국어

다른 작품 속 예문

흰 돌에 둘러싸인 검은 돌의 무리가 두 집을 못 내고 있어 곧 잡힐 형국이다.
출처 : 『연꽃과 진흙』 김성동

유의어

모양, 상태, 형편

긍지

자신의 능력을 믿음으로써 가지는 당당하고 자랑스러운 마음.

• 교과서 속 문장

아이들은 우리나라에서 제일가는 학교에 다니는 아이들이라는 **긍지**를
갖도록 해야 한다는 것이란 생각을 했습니다.

출처 : 「달걀은 달걀로 갚으렴」 박완서, 중2-2 국어

다른 작품 속 예문

회복되어 가는 재영이의 건강에서 자기의 의술적 수완에 대한 긍지를 느낌인지, 재
영이의 치료에는 전력을 다하였다.
출처 : 『젊은 그들』 김동인

한자어 풀이

자랑할 긍(矜) / 가질 지(持)

□
□
□

해방

구속이나 억압, 부담 등에서 벗어나 자유롭게 함.

• **교과서 속 문장**

우리는 **해방**이라는 말을 아직 몰랐고, 일본이 전쟁에 지고, 항복을 한 것만 알았었다.

출처 : 『이상한 선생님』 채만식, 중2-1 국어

 일반 예문

8·15 광복은 1945년 8월 15일 우리나라가 일제로부터 해방이 된 역사적 사건이다.

 반의어

구속, 속박

☐
☐
☐

염려하다

앞일에 대해 마음으로 걱정하다.

• 교과서 속 문장

암탉에 대해서도 **염려** 안 할 수 있었으면 싶은데……

출처 : 「달걀은 달걀로 갚으렴」 박완서, 중2-2 국어(다림)

 작품 알기 : 현대소설 「달걀은 달걀로 갚으렴」

1979년 출간된 단편 동화집에 수록된 작품. 표제 동화인 이 작품은 1970년대에 이뤄진 급격한 산업화로 인한 자연 파괴를 비판하고 있다.

 한자어 풀이

생각할 염(念) / 생각할 려(慮)

혈서

자신의 결심·청원·맹세 등을 자신의 피를 내어 쓴 글.

• 교과서 속 문장

혈서루 지원병 지원 한번 더 해보구퍼 그리나?

출처 : 『이상한 선생님』 채만식, 중2-1 국어

다른 작품 속 예문

나는 달포 전에 남경 교외에서 진기수 씨에게 혈서를 바치느라고 내 입으로 살을 물어 뗀 나의 식지를 쳐들었다.

출처 : 『등신불』 김동리

한자어 풀이

피 혈(血) / 글 서(書)

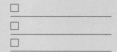

7월 17일

칭얼대다

몸이 불편하거나 마음에 못마땅하여 크게 짜증을 내며
자꾸 보채다.

• 교과서 속 문장

칭얼대는 낯선 외계인 때문에 우리 가족은 점점 지쳐갔다.

출처 : 「우리 할머니는 외계인」 김송기, 중1-1 국어

일반 예문

어린 동생은 다리가 아프다고 칭얼대기 시작했다.

유의어

보채다, 찡얼대다, 칭얼칭얼하다

해류

일정한 방향과 속도로 이동하는 바닷물의 흐름.

· 교과서 속 문장

북극은 주변에 있는 바다와 **해류**의 영향을 받는다.

출처 : 『살아있는 과학교과서1』 홍준의 외, 중1-2 국어(휴머니스트)

 더하기 상식

해류의 종류로 바람에 의한 취송류(吹送流), 밀도의 차에 의한 밀도류(密度流), 해면의 경사에 의한 경사류(傾斜流), 주위의 물의 움직임에 의한 보충류(補充流) 등이 있다.

 한자어 풀이

바다 해(海) / 흐를 류(流)

유의어

무대

7월 16일

콧등

코의 등성이.

• 교과서 속 문장

콧등이 시큰해지더니 눈물이 맺혔다.

출처 : 「우리 할머니는 외계인」 김송기, 중1-1 국어

함께 알면 좋은 표현

콧등이 시큰거리다 : 감동을 받거나 슬퍼서 눈물이 나오려고 할 때 관용적으로 쓰는 말. 혹은 '코끝이 시리다'라고 표현하기도 한다.

일반 예문

나도 모르게 콧등이 시큰거려서 제대로 말을 하지 못했다.

☐
☐
☐

유빙

물 위에 떠내려가는 얼음덩이.

• 교과서 속 문장

지금도 **유빙**을 타고 이동하는 북극곰이 있다고 하니 북극해 주변의 얼음덩어리는 북극곰의 이동 수단으로 볼 수 있다.

출처 : 『살아있는 과학교과서1』 홍준의 외, 중1-2 국어

 일반 예문

항해하는 배에 큰 유빙은 위험 요소로 작용할 수 있다.

 한자어 풀이

흐를 류(유)(流) / 얼음 빙(氷)

 유의어

부빙, 성엣장

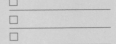

7월 15일

농도

용액 따위의 진함과 묽음의 정도.

• 교과서 속 문장

채소를 묽은 **농도**의 소금에 절이면 효소 작용이 일어나면서 당분과 아미노산이 생기고, 이를 먹이로 삼아 여러 미생물이 성장하면서 발효가 시작된다.

출처 : 『맛있는 과학4』 진소영, 중2-1 국어

 함께 알면 좋은 어휘

희석(稀釋) : 용액에 물이나 다른 용매를 더하여 농도를 묽게 함.

 한자어 풀이

짙을 농(濃) / 법도 도(度)

 유의어

계량수, 기수

애닲다

마음이 안타깝다. 표준어는 '애달프다'.

- 교과서 속 문장

  아따 그다지 **애닲거들랑**, 왜놈들 쫓겨가는 꽁무니 따라 일본으루 가 살 게나그려.

  출처 : 『이상한 선생님』, 채만식, 중2-1 국어

 다른 작품 속 예문

구름 같은 검은 머리털을 썩둑썩둑 깎아 버리고 죽장망혜(대지팡이와 짚신이란 뜻으로, 먼 길을 떠날 때의 아주 간편한 차림새)로 산속에나 들어가 애달픈 일생을 한 가히 지내보는 것도 좋으려니 하여 보았다.
출처 : 『환희』, 나도향

 유의어

서럽다, 슬프다

미생물

눈으로 볼 수 없는 아주 작은 생물.

• 교과서 속 문장

발효란 곰팡이나 효모와 같은 **미생물**이 탄수화물, 단백질 등을 분해하는 과정을 말한다.

출처 : 『맛있는 과학4』 진소영, 중2-1 국어(주니어김영사)

더하기 상식

미생물의 종류로는 핵산을 둘러싸고 있는 핵막(진핵 생물 세포의 핵과 세포질의 경계에 있는 이중 구조 막)이 없는 원핵 미생물(세균, 원시 세균 등), 핵막으로 둘러싸인 핵을 가진 진핵 미생물(곰팡이, 효모 등)이 있다.

한자어 풀이

작을 미(微) / 날 생(生) / 물건 물(物)

일반 예문

미생물은 눈으로는 볼 수 없기 때문에 현미경을 통해 확인할 수 있다.

6월 19일

유난히

언행이나 상태가 보통과 아주 다름.
또는 언행이 두드러지게 남과 달라 예측할 수 없다는 뜻.

• **교과서 속 문장**

박 선생님의 키는 키 작은 사람 가운데에서도 **유난히** 작은 키였다.

출처 : 『이상한 선생님』 채만식, 중2-1 국어

다른 작품 속 예문

하루의 마지막 햇살의 생명이 붉은 석훈(해가 진 뒤의 어스레한 빛)으로 꽃 피기 시작하는 서쪽 하늘이 그날따라 유난히 아름다워 보였다.
출처 : 『타오르는 강』 문순태, 소명출판

유의어

각별히, 남달리, 워낙

영롱하다

광채가 찬란하고 맑다.

• 교과서 속 문장

달빛을 받아 **영롱하게** 빛났다.

출처 : 「우리 할머니는 외계인」 김송기, 중1-1 국어

일반 예문

초록색의 싱그러운 잎사귀 끝에 달린 이슬 한 방울이 영롱하게 빛나고 있었다.

유의어

찬란하다, 찬연하다, 쟁쟁하다

사랑방

집의 안채와 떨어져 있으며, 손님을 접대하는 용도로 쓰는 방.

- 교과서 속 문장

아버님이 계시던 **사랑방**이 비어 있으니까 그 방도 쓸 겸 또 어머니의 잔심부름도 좀 해줄 겸해서 우리 외삼촌이 사랑방에 와 있게 되었대요.

출처 : 『사랑손님과 어머니』 주요섭, 중2-1 국어

 작품 알기 : 단편소설 『사랑손님과 어머니』

1935년 12월, 《조광》 창간호에 발표된 서정적이고 아름다운 사랑 이야기. 어린 나이에 남편을 잃은 엄마와 남편의 옛 친구였던 사랑방 손님 간의 사랑을 여섯 살 소녀 옥희의 눈으로 묘사한다. 자칫 통속적일 수 있는 소재를 어린아이의 시선에서 아름답게 표현한 작품으로 평가된다.

 유의어

객당, 사랑, 사랑채

이부자리

이불과 요(바닥에 까는 침구)**를 통틀어 이르는 말.**

- 교과서 속 문장

  이부자리 위에 누워 있는 할머니를 비추고 있었다.

  출처 :「우리 할머니는 외계인」, 김송기, 중1-1 국어

일반 예문

아침에 일어나 간신히 이부자리를 정돈하는 일조차도 힘겹게 느껴지는 날이 있다.

유의어

금구(衾具), 금침(衾枕)

본집

본래 살던 집이란 뜻으로, 가족들이 사는 중심이 되는 집.

- **교과서 속 문장**

  우리 아버지의 **본집**은 어데 멀리 있는데, 마침 이 동네 학교에 교사로 오게 되기 때문에 결혼 후에도 우리 어머니는 시집으로 가지 않고 여기 이 집을 사고 여기서 살다가 일 년이 못 되어 갑자기 돌아가셨지요.

  출처 : 『사랑손님과 어머니』 주요섭, 중2-1 국어

 다른 작품 속 예문

백손 어머니는 본집이 없는 사람이라 전에 살던 양주로 양주댁이라고 하고…
출처 : 『임꺽정』 홍명희, 사계절

 유의어

본가, 친정

주마등

무엇이 빨리 지나감을 비유적으로 이르는 말.

- **교과서 속 문장**

  할머니와 함께했던 기억들이 **주마등**처럼 지나갔다.

  출처 : 「우리 할머니는 외계인」 김송기, 중1-1 국어

일반 예문

그 친구와 만나 처음으로 인사를 나누던 날부터 함께 어울려 지내던 1년의 시간이 주마등처럼 스쳐 지나가기 시작했다.

유의어

전광석화(電光石火), 석화

□
□
□

장롱

옷 등을 넣어 두는 장과 농을 함께 이르는 말.

- **교과서 속 문장**

  언젠가 한 번 어머니가 나 없는 동안에 몰래 **장롱** 속에서 무얼 꺼내보시
  다가 내가 들어오니까 얼른 **장롱** 속에 감추는 것을 내가 보았는데 그것
  이 아마 아버지 사진인 것 같았어요.

  출처 : 『사랑손님과 어머니』 주요섭, 중2-1 국어

다른 작품 속 예문

예쁘게 밤 화장을 끝낸 그 여자는 장롱 속에 간직했던 녹의홍상(연두저고리와 다홍
치마)을 꺼내 입고, 귀신도 홀릴 것 같은 황홀하게 아름다운 모습으로…
출처 : 『만다라』 김성동, 새움

한자어 풀이

장롱 장(欌) / 대그릇 롱(籠)

불현듯

갑자기 어떤 생각이 걷잡을 수 없이 일어나는 모양을
나타내는 말.

- **교과서 속 문장**

  할머니가 **불현듯** 이야기 속의 외계인으로 변해버린 것을 나는 믿기 힘
  들었다.

  출처 : 「우리 할머니는 외계인」, 김송기, 중1-1 국어

 일반 예문

나는 불현듯 정신이 들어 몸을 벌떡 일으켰다.

 유의어

갑자기

불모

땅이 거칠고 메말라 식물이 나거나 자라지 아니함.

• 교과서 속 문장

과학기술의 발전과 함께 극지 연구가 진행되면서 극지가 얼음으로 덮인 **불모**의 땅이 아니라는 사실이 알려지게 됐다.

출처 : 「극지연구가 지니는 의미」 김예동, 중1-2 국어

 더하기 상식

사막화 : 연중 강수량이 적은 데 비해 증발량이 많아 초목이 거의 자랄 수 없는 불모의 토지가 됨.

 한자어 풀이

아니 불(不) / 터럭 모(毛)

 유의어

불모지

무궁무진하다

수량이 끝도 없고 다함도 없을 정도로 많다.

· 교과서 속 문장

할머니가 들려주시는 **무궁무진한** 이야기 속에 빠져들곤 했다.

출처 : 「우리 할머니는 외계인」 김송기, 중1-1 국어

일반 예문

대한민국은 반도체 산업에서 무궁무진한 성장 가능성을 충분히 보여주고 있다.

유의어

무진장하다, 끊임없다, 무한하다

□
□
□

학설

학술적 문제에 대하여 주장하는 이론 체계.

• **교과서 속 문장**

권위 있는 학자들도 예외는 아니어서 이러한 믿음을 **학설**로 굳혀 놓기까지 했습니다.

출처 : 『탐구한다는 것』 남창훈, 중3-1 국어(너머학교)

 일반 예문

공룡이 멸종한 원인이 극심한 추위 때문이라는 학설이 있다.

 한자어 풀이

배울 학(學) / 말씀 설(說)

 유의어

설, 이론, 일설

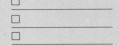

추세

어떤 현상이 일정한 방향으로 나아가는 경향.

• 교과서 속 문장

지구의 연평균 기온이 높은 상위 15개의 연도가 모조리 21세기일 정도로 지구의 연평균 기온은 계속 상승하는 **추세**를 보인다.

출처 : 『김산하의 야생학교』, 김산하, 중1-1 국어

 일반 예문

요즘은 결혼을 늦은 나이에 하거나 아예 결혼하지 않고 혼자 사는 게 추세인 것 같다.

 한자어 풀이

달릴 추(趨) / 기세 세(勢)

유의어

유행, 경향, 바람

□
□
□

추수

가을에 익은 곡식을 거두어들이는 일.

• 교과서 속 문장

거기서 나는 **추수**로 밥이나 굶지 않게 된다구요.

출처 : 『사랑손님과 어머니』 주요섭, 중2-1 국어

 함께 알면 좋은 속담

동냥하려다가 추수 못 본다 : 작은 것을 탐내고 다니다가 큰 것을 놓치게 됨을 비유적으로 이르는 말.

 유의어

가을걷이, 가을일

☐ _____
☐ _____
☐ _____

압도

눌러서 넘어뜨림.
보다 뛰어난 힘이나 재주로 남을 눌러 꼼짝 못 하게 함.

- 교과서 속 문장

더위. 이보다 우리를 **압도**하는 것이 있을까?

출처 : 『김산하의 야생학교』, 김산하, 중1-1 국어(갈라파고스)

 일반 예문

우리 팀은 상대 팀의 뛰어난 실력에 압도되어 정신을 차리지 못했다.

 한자어 풀이

누를 압(壓) / 넘어질 도(倒)

유의어

제압

☐
☐
☐

과부

남편을 사별한 후 혼자 사는 여자.

- **교과서 속 문장**

  우리 어머니는, 금년 나이 스물네 살인데 **과부**랍니다.

  출처 : 『사랑손님과 어머니』, 주요섭, 중2-1 국어

 함께 알면 좋은 어휘

· 생과부 : 남편이 멀리 떨어져 있거나 소박을 맞아 과부나 다름없는 여자.
· 청상과부(청상과수) : 젊어서 남편을 여의고 혼자가 된 여자.

 같은 말 다른 뜻

· 과부(誇負) : 뽐내며 자부하다.

☐ _____
☐ _____
☐ _____

형상

물건의 생긴 모양이나 상태.

• 교과서 속 문장

할머니의 **형상**을 한 외계인이었다.

출처 : 「우리 할머니는 외계인」 김송기, 중1-1 국어

일반 예문

저 멀리에서 어슴푸레한 형상이 비치더니 서서히 그 모습을 드러내기 시작했다.

같은 말 다른 뜻

형상(刑賞) : 형벌과 상여를 아울러 이르는 말.

□
□
□

유복녀

태어나기도 전에 아버지를 여읜 딸.

• 교과서 속 문장

경선 군의 **유복녀** 외딸일세.

출처 : 『사랑손님과 어머니』 주요섭, 중2-1 국어

 다른 작품 속 예문

언젠가 청상과부로 늙어 온 큰누님이 유복녀 외딸을 여의었는데 내가 그 결혼식장
에 참례를 하지 않았다고 호되게 야단을 친 일이 있다.
출처 : 『돌』 한무숙

 한자어 풀이

남길 유(遺) / 배 복(腹) / 여자 녀(女)

☐
☐
☐

점잖다

품격이 속되지 않고 고상하다.

• 교과서 속 문장

내 기억 속에서 누구보다 **점잖고** 다정하신 분이었다.

출처 : 「우리 할머니는 외계인」 김송기, 중1-1 국어

일반 예문

그렇게 점잖으신 분이 갑자기 무슨 일로 저렇게 호들갑을 떠시는 걸까?

함께 알면 좋은 속담

점잖은 개가 똥을 먹는다 : 의젓한 체하며 못된 짓을 한다는 말.

잔심부름

자질구레한 여러 가지 심부름.

• 교과서 속 문장

아니, 그것보다 아저씨 **잔심부름**을 꼭 외삼촌이 하게 되니까 그것이 싫
어서 그러나 봐요.

출처 : 『사랑손님과 어머니』 주요섭, 중2-1 국어

 함께 알면 좋은 속담

벙어리 심부름하듯 : 말없이 다른 사람의 눈치만 살피면서 행동하는 것을 이르는 말.

 유의어

손심부름

쑥대밭

매우 어지럽거나 완전히 망해서 폐허가 된 상태를
비유적으로 이르는 말.

- 교과서 속 문장

  모두가 잠든 새벽에 시도 때도 없이 일어나 집안을 **쑥대밭**으로 만들기
  일쑤였다.

  출처 「우리 할머니는 외계인」 김송기, 중1-1 국어

작품 알기 : 수필 「우리 할머니는 외계인」

2013년 청소년문학상 수상작. 당시 고양예고 학생이 쓴 글로, 우수상으로 뽑혀 중
학교 교과서에 실리게 되었다. 치매에 걸려 낯선 모습으로 변한 할머니를 '외계인'에
비유했으며, 주인공이 할머니와 겪는 갈등과 깨달은 바를 진술하게 풀어 쓴 수필.

같은 말 다른 뜻

쑥대밭 : 쑥이 무성하게 우거져 있는 거친 땅.

☐
☐
☐

내외

모르는 남녀가 서로 어려워서 얼굴을 마주 대하지 않고 피함.

• 교과서 속 문장

요샛 세상에 **내외**합니까.

출처 : 『사랑손님과 어머니』 주요섭, 중2-1 국어

함께 알면 좋은 속담

허물 모르는 게 내외 : 부부간에는 숨기는 것 없이 서로 허물이 없음을 이르는 말.

같은 말 다른 뜻

· 내외(內外)① : 안과 밖을 함께 이르는 말.
· 내외(內外)② : 남편과 아내를 함께 이르는 말.

☐
☐
☐

반짇그릇

바늘·실·골무 등 여러 가지 바느질 도구를 담는 그릇으로,
'반짇고리'의 방언.

- **교과서 속 문장**

  어머니는 그 종이를 아까 모양으로 네모지게 접어서 돈과 함께 봉투에
  넣어 **반짇그릇**에 던졌습니다.

  출처 : 『사랑손님과 어머니』 주요섭, 중2-1 국어

 다른 작품 속 예문

우례는 손에 든 바느질감을 반짇고리에 담아 넣고 한쪽으로 밀면서 주섬주섬, 대강
방바닥을 치웠다.
출처 : 『혼불』 최명희, 매안출판사

 유의어

바느질고리

☐
☐
☐

멸균

세균 따위의 미생물을 죽임.

• 교과서 속 문장

파스퇴르는 **멸균**하지 않은 육즙은 발효되었지만, **멸균**한 육즙은 발효가 일어나지 않고 원래의 맛과 모습을 계속 유지한다는 사실을 알아냈습니다.

출처 : 『탐구한다는 것』 남창훈, 중3-1 국어

 더하기 상식

멸균 우유 : 140도의 초고온에서 2초 이상 가열 처리한 우유. 멸균 상태로 종이 용기에 넣으면 냉장하지 않아도 약 60~90일간 보관할 수 있다.

 한자어 풀이

멸할 멸(滅) / 버섯 균(菌)

 유의어

살균, 소독

앙갚음

남이 해를 준 대로 되갚아줌. 또는 그런 행동.

• 교과서 속 문장

지난 주일날 예배당에서 성냈던 **앙갚음**을 해야지.

출처 : 『사랑손님과 어머니』 주요섭, 중2-1 국어

다른 작품 속 예문

그녀는 우선 돌계집이란 시어머니의 악랄한 구박에 앙갚음이라도 하듯이 첫딸을 낳고, 연년생으로 쌍둥이를 낳았다.
출처 : 『도시의 흉년』 박완서

유의어

갚음, 대갚음, 보복

7월

☐
☐
☐

가설

어떤 사실을 설명하거나 어떤 이론 체계를
연역하기 위하여 설정한 가정.

• 교과서 속 문장

탐구하는 것은 우리를 둘러싸고 있는 잘못된 믿음에 의심을 품고, 새로운
가설을 세우고 실험으로 입증하여 그 잘못을 바로잡는 일을 뜻합니다.

출처 : 『탐구한다는 것』 남창훈, 중3-1 국어

 더하기 상식

연역(演繹) : 어떤 명제로부터 추론 규칙에 따라 결론을 이끌어냄. 또는 그런 과정.
일반적인 사실이나 원리를 전제로 하여 개별적인 사실이나 보다 특수한 다른 원리
를 이끌어내는 추리를 이른다.

 한자어 풀이

거짓 가(假) / 말씀 설(說)

유의어

가정, 가언